Dieses Arbeitsheft gehört:

W0344091

Brüche

Grundbegriffe der ebenen Geometrie

Dezimalbrüche

Gleichungen und Ungleichungen

Proportionalität und Prozentrechnung

Achsenspiegelung

Daten und Zufall

Ganze Zahlen

Teile eines Ganzen – Stammbrüche

1 In wie viele gleich große Teile ist die Figur zerlegt? Welchem Bruchteil der ganzen Figur entspricht ein solcher Teil?

a) 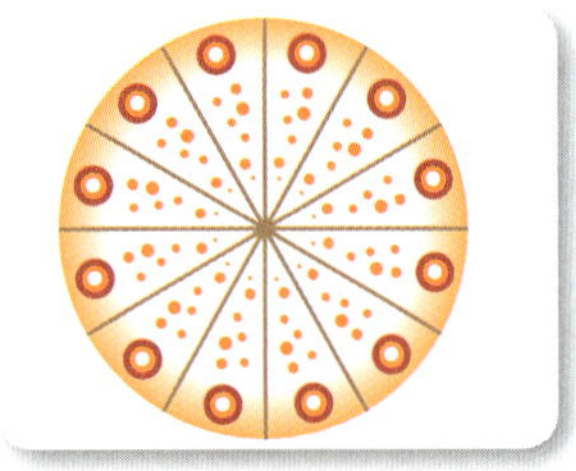

b) 

c) 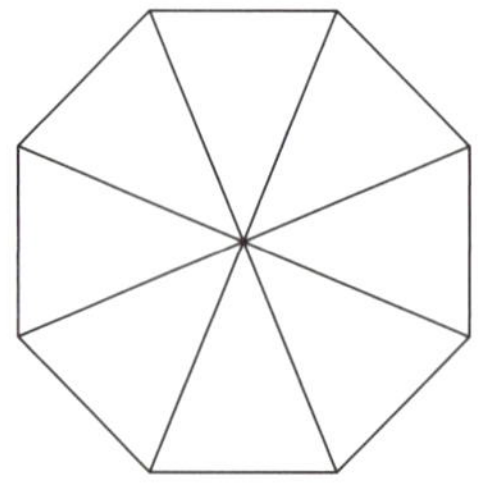

d) 

a) *12 Teile* ______ *ein Zwölftel* ______

b) ______ ______

c) ______ ______

d) ______ ______

2 Markiere jeweils die Hälfte, ein Viertel und ein Achtel der Figuren in verschiedenen Farben.

a) 

b) 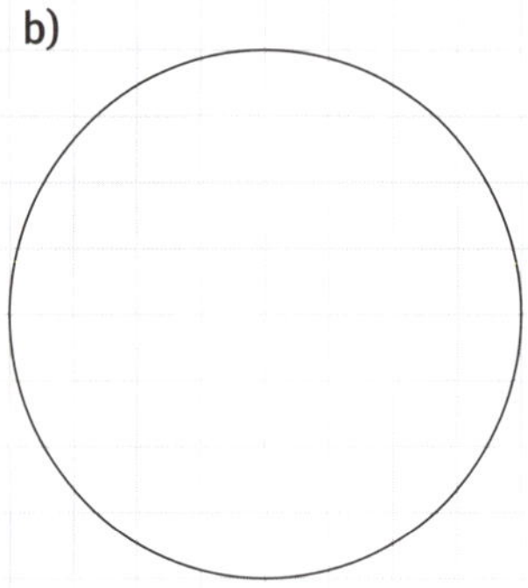

c) 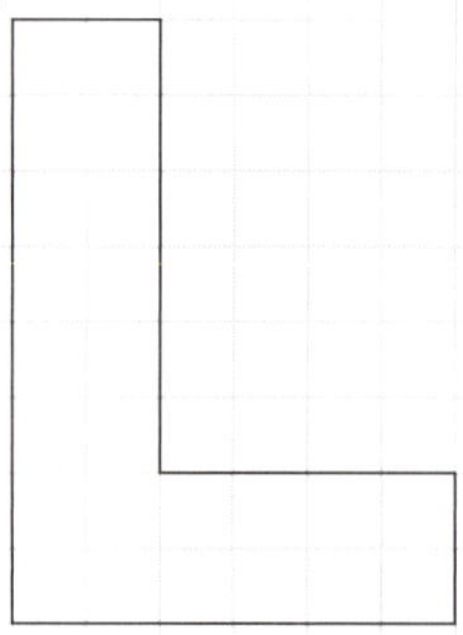

d) 

3 Ergänze die dargestellten Figuren jeweils zum Ganzen.

a) $\frac{1}{3}$ 

b) $\frac{1}{2}$ 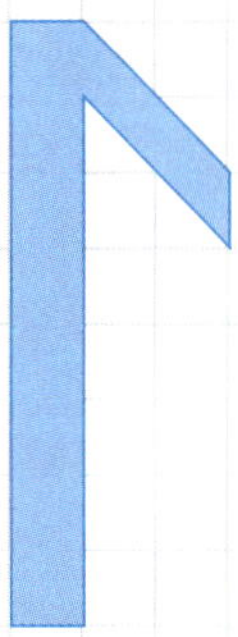

c) $\frac{1}{4}$ 

d) $\frac{1}{20}$ 

4 Markiere auf der Strecke die angegebenen Bruchteile und gib jeweils die zugehörige Länge an.

1 Ganzes ≙ *12 cm* ______ $\frac{1}{2}$ ≙ ______ $\frac{1}{4}$ ≙ ______ $\frac{1}{6}$ ≙ ______

$\frac{1}{8}$ ≙ ______ $\frac{1}{10}$ ≙ ______ $\frac{1}{12}$ ≙ ______ $\frac{1}{24}$ ≙ ______

1 Welcher Anteil ist jeweils eingefärbt, welcher ist weiß?

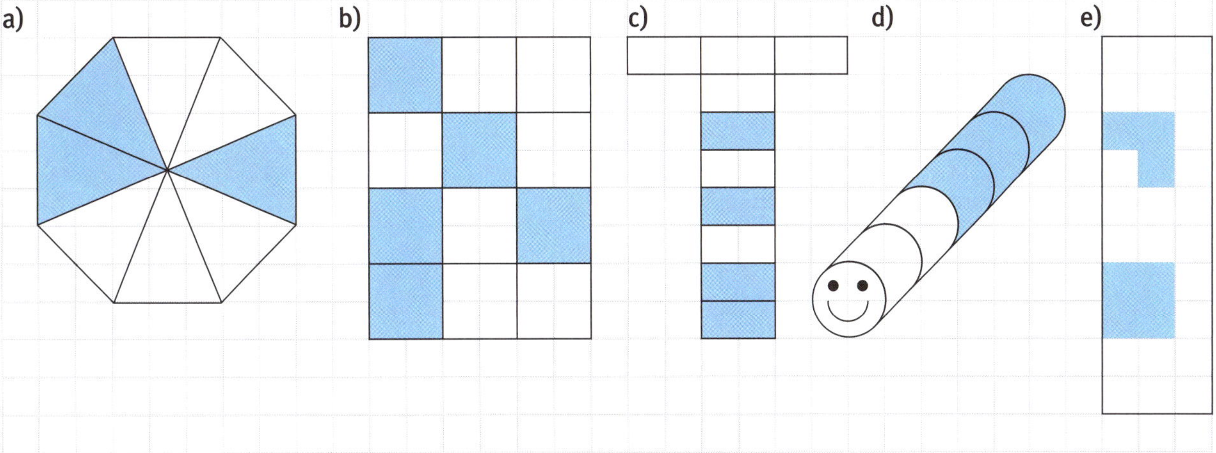

blau: ______ ______ ______ ______ ______

weiß: ______ ______ ______ ______ ______

2 Welcher Anteil an der Gesamtstrecke wird durch jeden Buchstaben markiert?

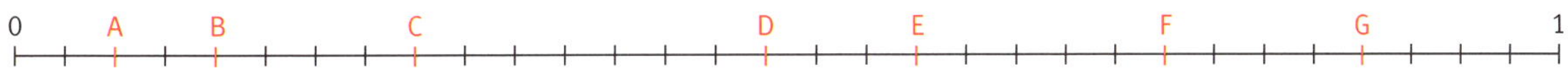

A: ______ B: ______ C: ______ D: ______ E: ______ F: ______ G: ______

3 Gib jeweils an, welcher Anteil bei den Figuren zum Ganzen fehlt. Vervollständige die Figur zum Ganzen.

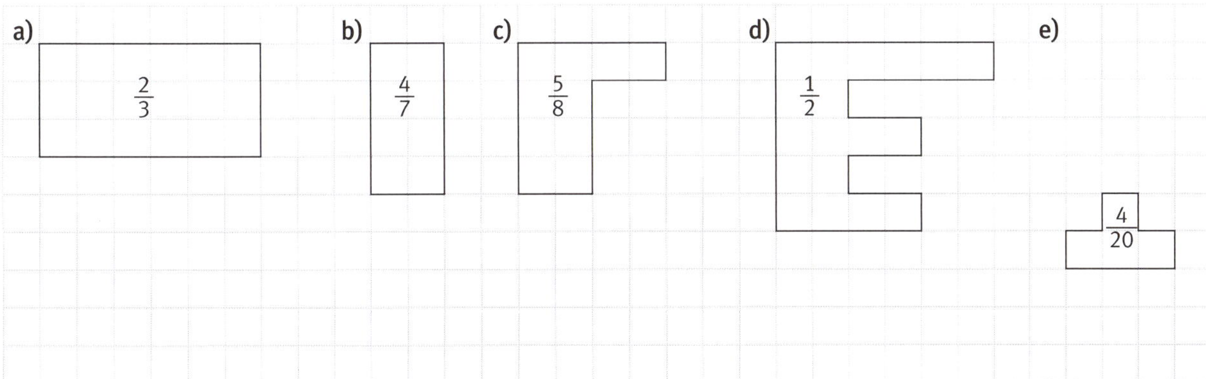

$\frac{1}{3}$ *fehlt.* ______ ______ ______ ______

4 Schraffiere den angegebenen Bruchteil der Fläche.

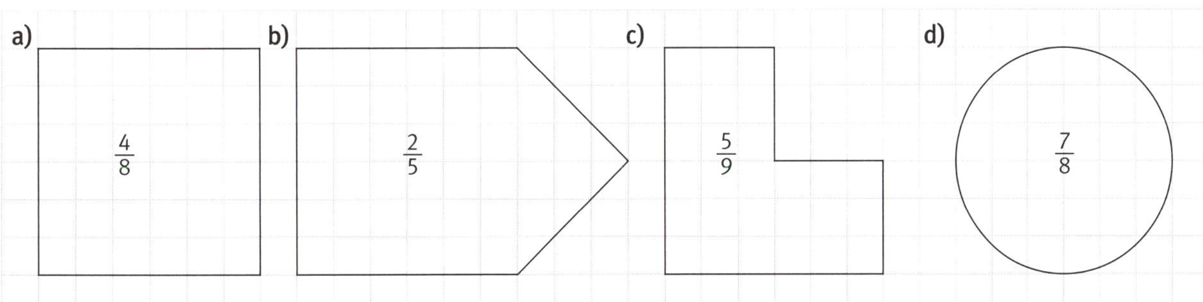

Bruch als Division

1 Notiere die folgenden Verteilungen mit einem Bruch.

a) Vier Kinder teilen sich gerecht drei Flammkuchen.

Jedes Kind bekommt ________ eines Flammkuchens.

b) Drei Kinder teilen sich zwei Blätter Papier gerecht miteinander.

Jedes Kind bekommt ________ eines Blattes Papier.

c) Fünf Leute teilen sich einen Kuchen ehrlich untereinander auf.

Jede Person bekommt ________ des Kuchens.

2 Schreibe als Bruch.

a) 4 : 3 =   **b)** 5 : 13 =   **c)** 17 : 32 =   **d)** 5 : 21 =   **e)** 6 : 7 =

3 Stelle die folgenden Sachverhalte zeichnerisch dar.

a) Fünf Kinder teilen zwei Tafeln Schokolade gerecht miteinander.

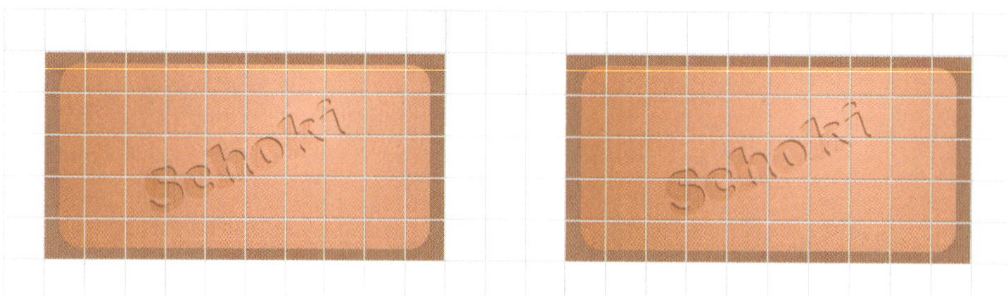

Jedes Kind bekommt ________ einer Tafel Schokolade.

b) Sechs Kinder teilen vier Pizzas gerecht miteinander.

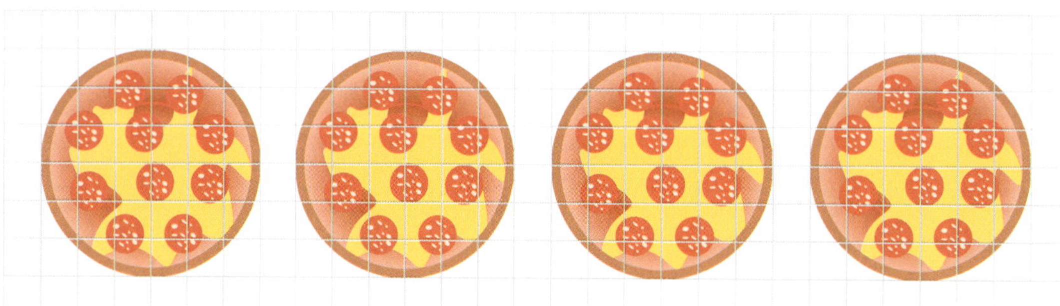

Jedes Kind bekommt ______________________________ einer Pizza.

4 Gib zu jeder Abbildung einen passenden Bruch an und schreibe diesen anschließend als Division.

a)

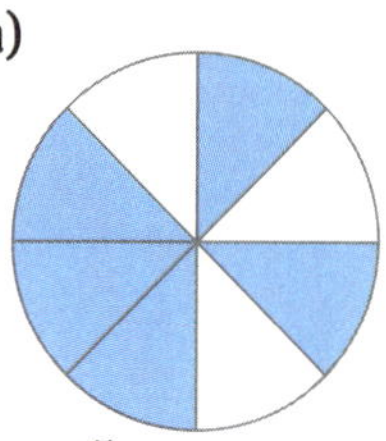

$\frac{5}{8} = 5 : 8$

b)

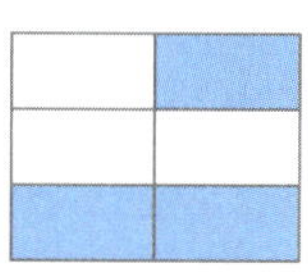

____

c)

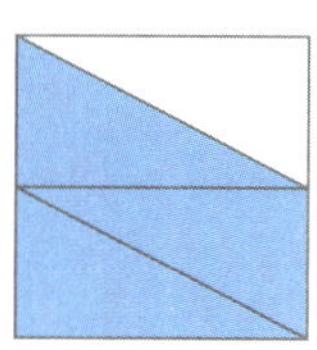

____

d)

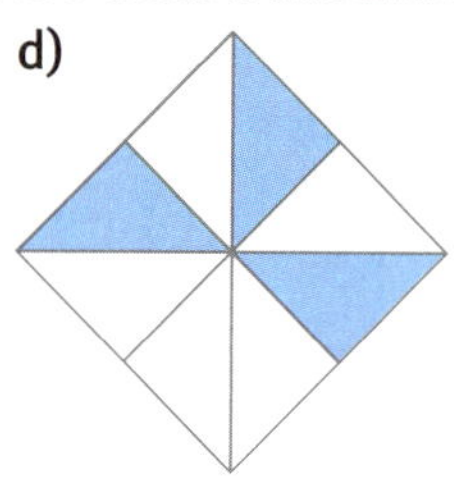

____

e)

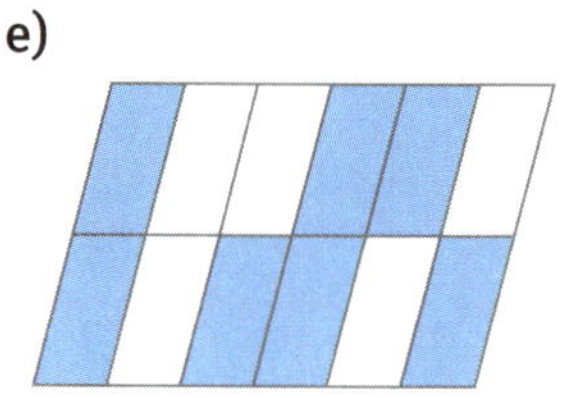

____

Bruchteile von Größen

1 Die Quadrate symbolisieren Flächen von 1 cm^2 Inhalt. Markiere jeweils $\frac{2}{5}$ der Gesamtfläche.

a) 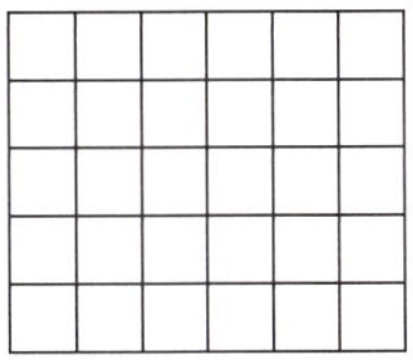

b) 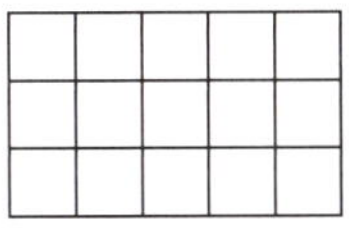

c) 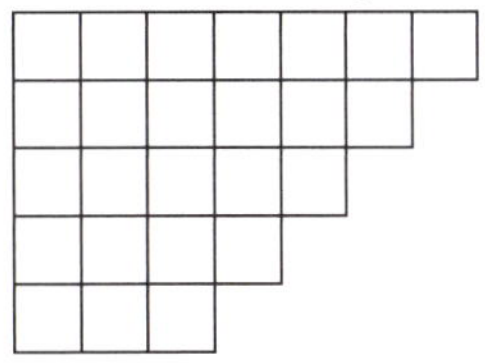

d) 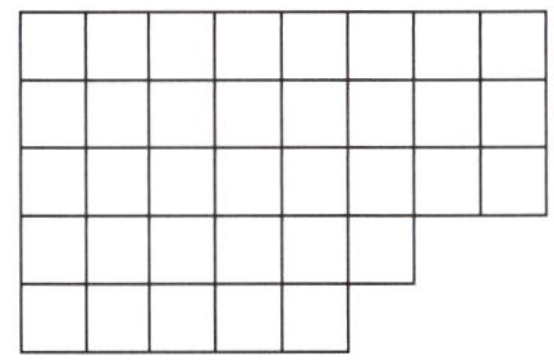

2 Stelle $\frac{2}{3}$ von 18 Flächeneinheiten auf unterschiedliche Arten dar.

a) 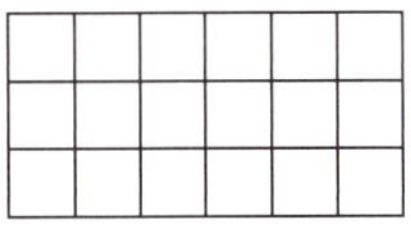

b) 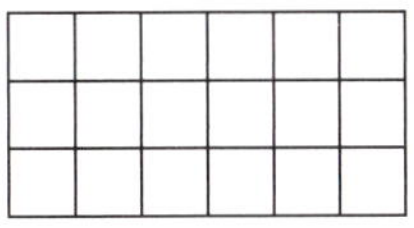

c) 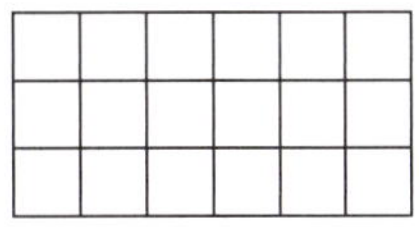

d) 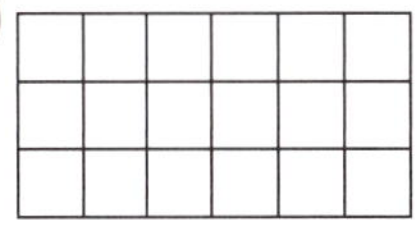

3 Berechne den Bruchteil.

a) $\frac{3}{5}$ von 60 cm = ______ b) $\frac{2}{3}$ von 1800 g = ______ c) $\frac{7}{24}$ von 72 h = ______

d) $\frac{8}{25}$ von 625 m = ______ e) $\frac{5}{59}$ von 59 min = ______ f) $\frac{5}{6}$ von 144 € = ______

4 Wie groß ist jeweils das Ganze?

a) $\frac{3}{5}$ von ______ sind 60 cm. b) $\frac{1}{2}$ von ______ sind 199 €. c) $\frac{5}{36}$ von ______ sind 15 s.

d) $\frac{8}{13}$ von ______ sind 48 g. e) $\frac{16}{26}$ von ______ sind 48 kg. f) $\frac{16}{100}$ von ______ sind 256 m.

5 Färbe jeweils den angegebenen Bruchteil der Strecke.

a) $\frac{3}{4}$

b) $\frac{2}{3}$

c) $\frac{5}{6}$

d) $\frac{2}{7}$

e) $\frac{3}{5}$

Echte und unechte Brüche

1 Welche der folgenden Brüche sind echte Brüche, welche unechte Brüche?

$\frac{2}{3}$; $\frac{4}{3}$; $\frac{3}{1222}$; $\frac{5}{1}$; $\frac{13}{26}$; $\frac{7}{17}$; $\frac{100}{10}$; $\frac{12}{5}$; $\frac{8}{8}$; $\frac{126}{8}$; $\frac{19}{31}$; $\frac{5}{3}$; $\frac{3187}{3781}$; $\frac{4148}{1448}$

echt: ____________________ unecht: ____________________

2 Gib jeweils einen Bruch an, der durch die Zeichnung dargestellt sein kann. Wandle, wenn möglich, in eine natürliche oder gemischte Zahl um.

a) 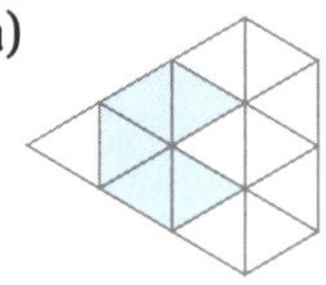 ________

b) 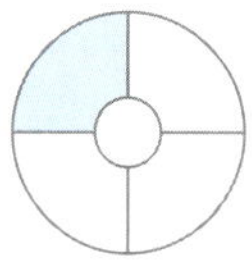 ________

c) 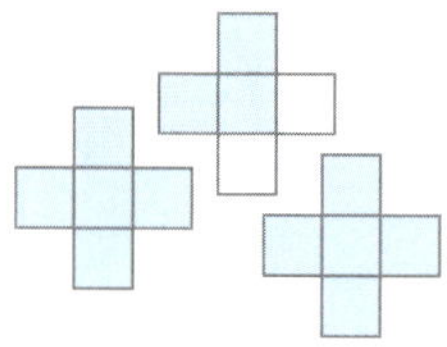 ________

d) 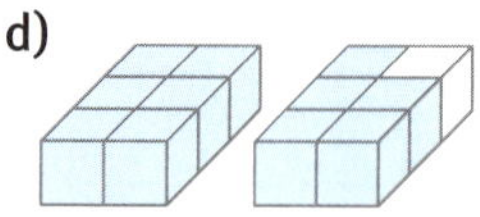 ________

e) 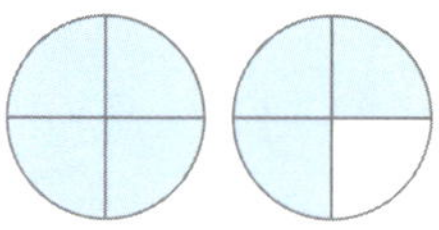 ________

f) 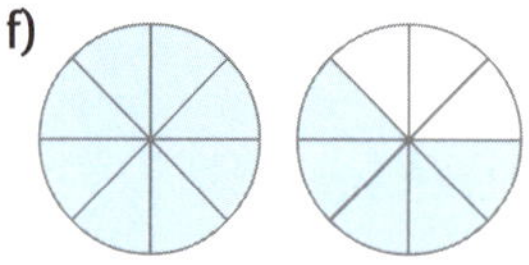 ________

g) 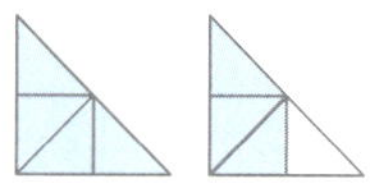 ________

h)  ________

3 Schreibe als gemischte Zahl.

a) $\frac{11}{10} = 1\frac{1}{10}$ b) $\frac{15}{4} =$ c) $\frac{5}{3} =$ d) $\frac{6}{4} =$ e) $\frac{37}{18} =$

f) $\frac{13}{5} =$ g) $\frac{1221}{112} =$ h) $\frac{16}{15} =$ i) $\frac{9}{7} =$ j) $\frac{79}{36} =$

4 Schreibe als unechten Bruch.

a) $1\frac{2}{3} = \frac{5}{3}$ b) $2\frac{1}{5} =$ ____ c) $3\frac{18}{20} =$ ____ d) $8\frac{3}{5} =$ ____ e) $1\frac{35}{36} =$ ____

f) $12\frac{6}{12} =$ ____ g) $7\frac{1}{4} =$ ____ h) $5\frac{1}{2} =$ ____ i) $1\frac{3}{4} =$ ____ j) $11\frac{1}{111} =$ ____

5 Markiere die folgenden Zahlen auf der Zahlenhalbgerade.

A: $1\frac{1}{2}$ B: $2\frac{1}{3}$ C: $\frac{5}{4}$ D: $2\frac{3}{6}$ E: $\frac{3}{4}$ F: $1\frac{3}{12}$

6 Auf alten Haushaltswaagen wandert der Messzeiger entlang einer Skala. Trage die Größen richtig ein.

a) $1\frac{1}{2}$ kg b) 250 g c) 1,75 kg d) $\frac{3}{4}$ kg e) 1000 g

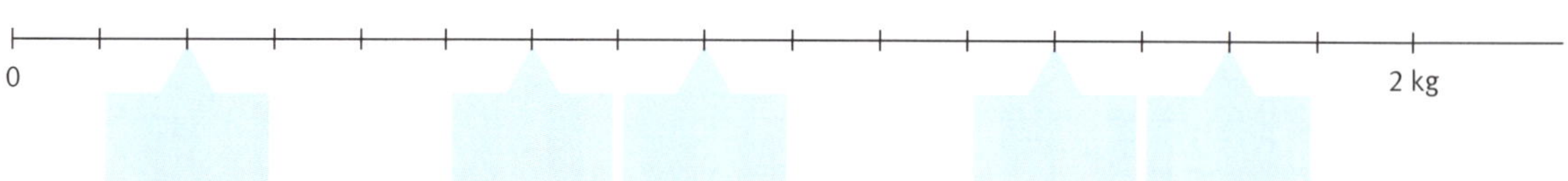

1 Bestimme die Anteile. Mit welcher Zahl wurde erweitert bzw. gekürzt?

a)
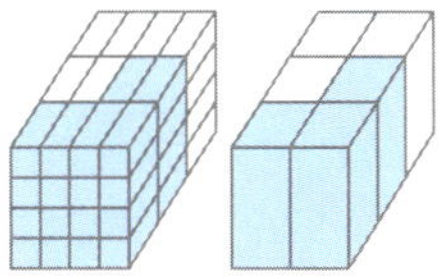

$\frac{24}{48} = \frac{3}{6}$; mit 8 gekürzt

b)
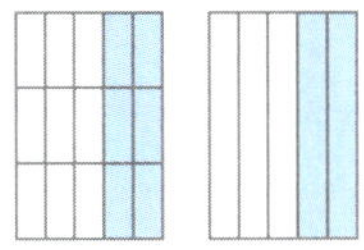

c)
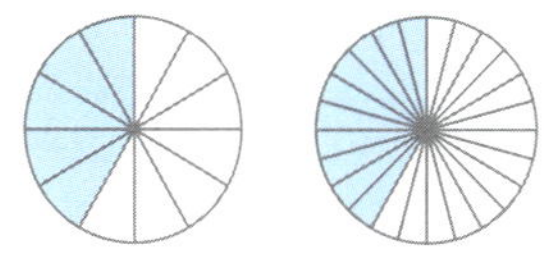

d)

e)
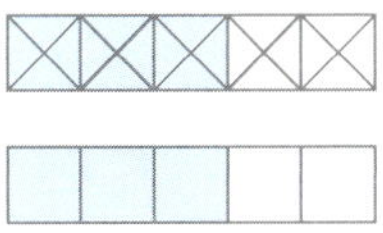

f)
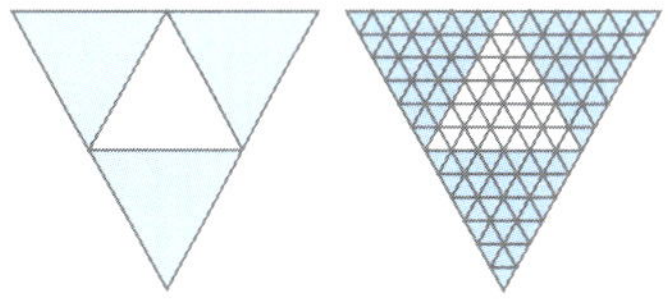

g) $\frac{4}{8} = \frac{1}{2}$ ______

h) $\frac{33}{51} = \frac{11}{17}$ ______

i) $\frac{2}{3} = \frac{18}{27}$ ______

2 Kürze mit der angegebenen Zahl und wandle anschließend – falls möglich – in eine gemischte Zahl um.

a) mit 4: $\frac{12}{64} = \frac{12:4}{64:4} = \frac{3}{16}$

b) mit 3: $\frac{39}{12} =$

c) mit 25: $\frac{75}{50} =$

d) mit 2: $\frac{18}{26} =$

e) mit 8: $\frac{256}{152} =$

f) mit 7: $\frac{49}{84} =$

3 Erweitere die Brüche mit der angegebenen Zahl.

a) mit 5: $\frac{3}{8} = \frac{3 \cdot 5}{8 \cdot 5} = \frac{15}{40}$

b) mit 4: $\frac{2}{3} =$

c) mit 13: $\frac{5}{7} =$

d) mit 3: $\frac{1}{5} =$

e) mit 6: $\frac{13}{16} =$

f) mit 2: $\frac{10}{36} =$

4 Veranschauliche das Erweitern und vervollständige.

a) Erweitere $\frac{1}{2}$ mit 3: $\frac{1}{2} = \frac{3}{6}$

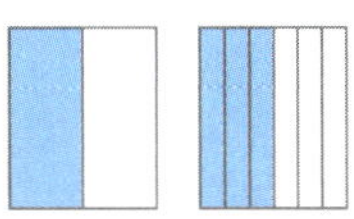

b) Eweitere $\frac{1}{3}$ mit 2: $\frac{1}{3} =$

c) Erweitere $\frac{1}{2}$ mit 4: $\frac{1}{2} =$

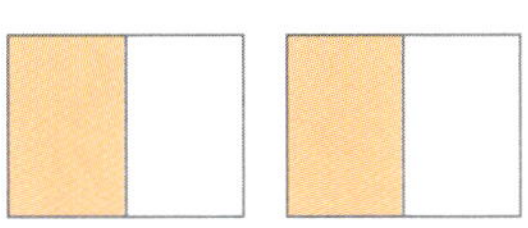

d) Eweitere $\frac{1}{3}$ mit 5: $\frac{1}{3} =$

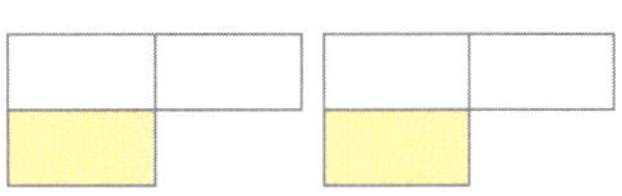

5 Veranschauliche das Kürzen und vervollständige.

a) Kürze $\frac{4}{10}$ mit 2: $\frac{4}{10} = \frac{2}{5}$

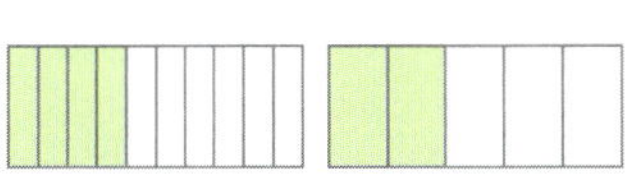

b) Kürze $\frac{4}{8}$ mit 2: $\frac{4}{8} =$

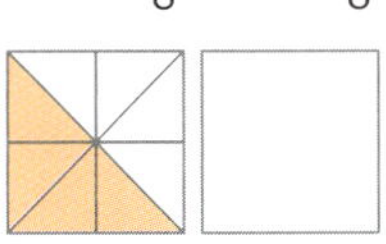

c) Kürze $\frac{6}{12}$ mit 3: $\frac{6}{12} =$

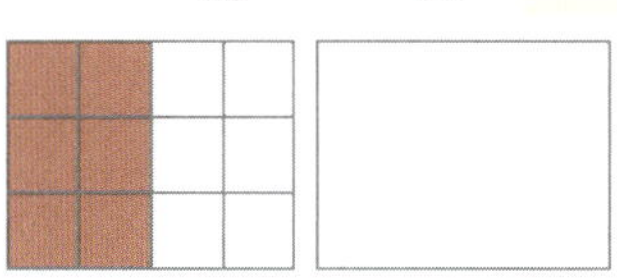

Brüche ordnen

1 Markiere die Brüche an der Zahlenhalbgerade und ordne sie dann der Größe nach.

a) $\frac{3}{4}$; $\frac{5}{8}$; $\frac{1}{2}$

___ < ___ < ___

b) $\frac{2}{3}$; $\frac{7}{6}$; $\frac{3}{6}$

___ < ___ < ___

c) $\frac{4}{5}$; $\frac{11}{25}$; $\frac{5}{5}$

___ < ___ < ___

2 Bestimme zunächst den gefärbten Anteil und ordne diese der Größe nach. Beginne mit dem kleinsten.

		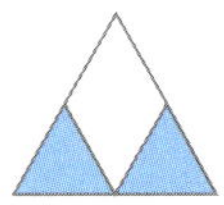	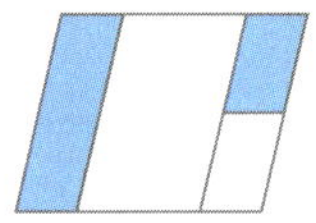	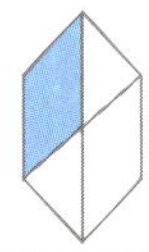
Anteil				
Ordnung				1

3 Setze <, > oder = ein.

a) $\frac{3}{8} \bigcirc \frac{5}{8}$ b) $\frac{2}{3} \bigcirc \frac{4}{9}$ c) $\frac{4}{18} \bigcirc \frac{1}{6}$ d) $\frac{5}{7} \bigcirc \frac{25}{35}$ e) $\frac{6}{11} \bigcirc \frac{3}{5}$

f) $\frac{4}{24} \bigcirc \frac{1}{3}$ g) $\frac{18}{56} \bigcirc \frac{4}{14}$ h) $1\frac{3}{4} \bigcirc \frac{7}{4}$ i) $\frac{44}{55} \bigcirc \frac{55}{44}$ j) $\frac{0}{7} \bigcirc \frac{0}{9}$

4 Ordne die Brüche der Größe nach.

a) Beginne mit dem größten Bruch.

$\frac{3}{4}$	$\frac{1}{2}$	$\frac{5}{8}$	$\frac{1}{4}$	$\frac{7}{8}$	___ > ___ > ___ > ___ > ___

b) Beginne mit dem kleinsten Bruch.

$\frac{1}{2}$	$\frac{1}{3}$	$\frac{8}{9}$	$\frac{2}{3}$	$\frac{5}{6}$	___ < ___ < ___ < ___ < ___

5 Richtig (r) oder falsch (f)? Prüfe nach.

a) $\frac{2}{3} < \frac{7}{8} < \frac{10}{11}$ b) $\frac{2}{8} > \frac{1}{4} > \frac{1}{9}$ c) $\frac{16}{12} > \frac{1}{2} > \frac{2}{5}$

d) $\frac{3}{10} < \frac{1}{3} < \frac{3}{4}$ e) $\frac{3}{5} < \frac{3}{4} < \frac{3}{2}$ f) $\frac{3}{4} < \frac{2}{3} < \frac{4}{5}$

6 Ordne der Größe nach. Beginne mit der kleinsten Größe.

a) $\frac{2}{5}$ kg; 320 g; $\frac{4}{8}$ kg: ____________________

b) $\frac{5}{20}$ m; 40 cm; $\frac{3}{10}$ dm: ____________________

c) $\frac{3}{4}$ h; 2400 s; $\frac{1}{48}$ d: ____________________

d) $1\frac{2}{3}$ m; $\frac{7}{4}$ m; $\frac{0}{4}$ dm: ____________________

7 Vergleicht man zwei Brüche mit gleichem Nenner miteinander, so ist derjenige Bruch größer, der den ____________________ Zähler hat. Vergleicht man zwei Brüche mit gleichem Zähler miteinander, so ist derjenige Bruch größer, der den ____________________ Nenner hat.

1 Welche Addition ist dargestellt? Wie viel fehlt dem Ergebnis zum Ganzen?

a)

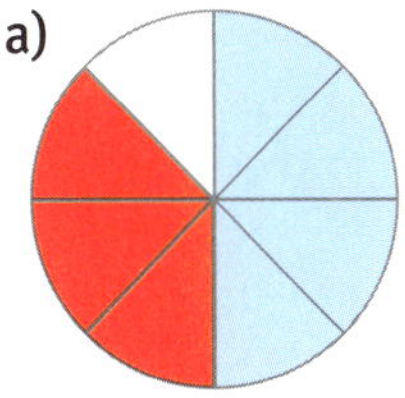

$\frac{3}{8} + \frac{4}{8} = \frac{7}{8}$

Es fehlt: $\frac{1}{8}$

b)

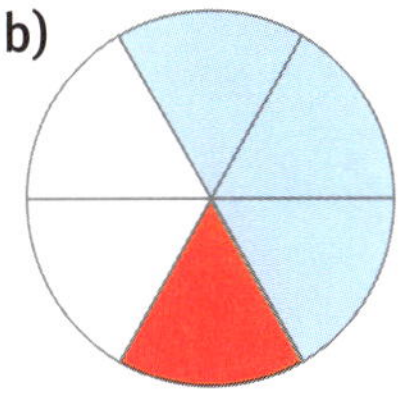

c)

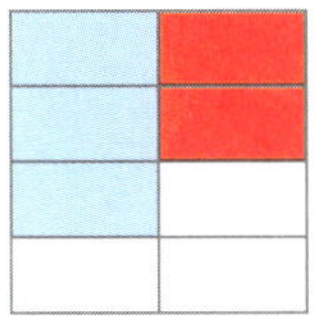

d)

e)

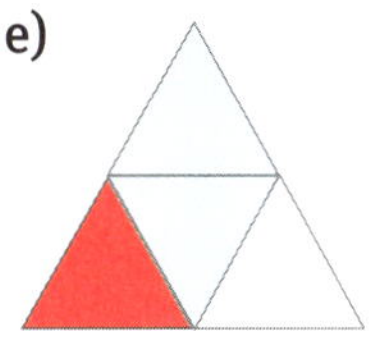

2 Welche Subtraktion ist dargestellt? Wie viel fehlt dem Ergebnis zum Ganzen?

a)

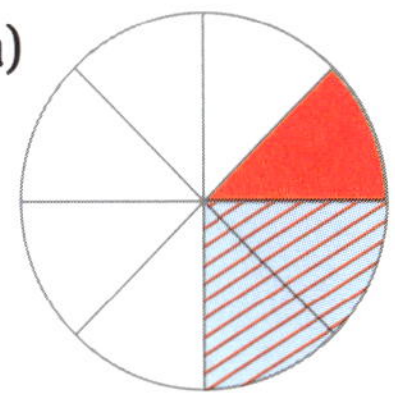

$\frac{3}{8} - \frac{2}{8} = \frac{1}{8}$

Es fehlen: $\frac{7}{8}$

b)

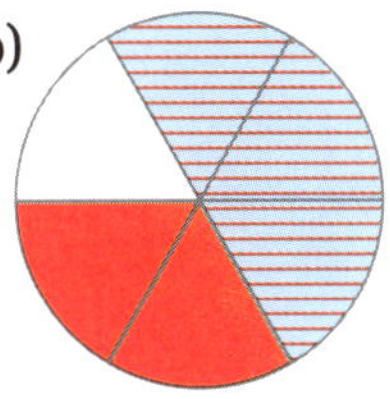

c)

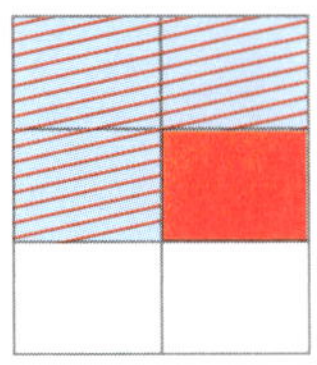

d)

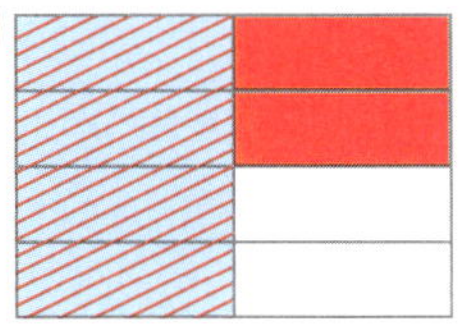

e)

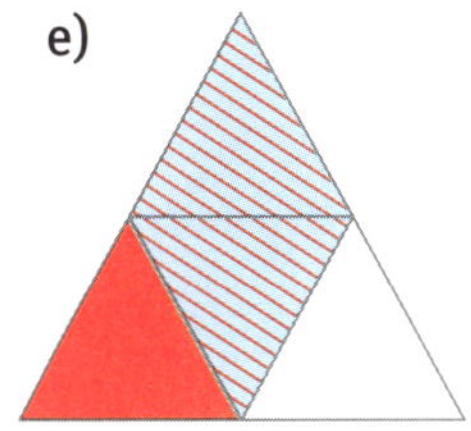

3 Veranschauliche die Terme durch Zahlpfeile und berechne ihren Wert.

a) $\frac{3}{10} + \frac{1}{10}$

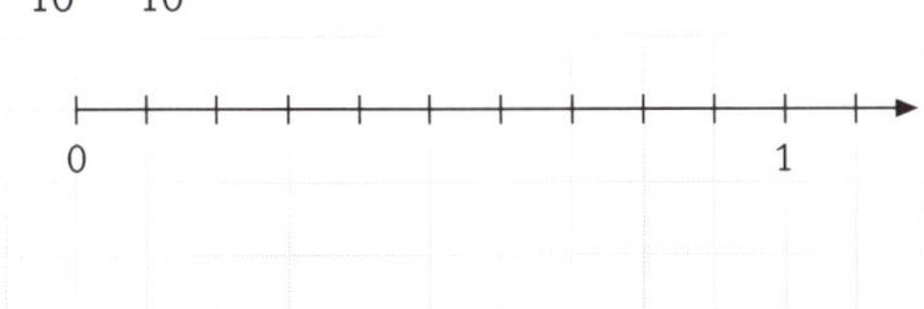

$\frac{3}{10} + \frac{1}{10} =$

b) $\frac{5}{8} + \frac{2}{8}$

c) $\frac{1}{3} + \frac{4}{3}$

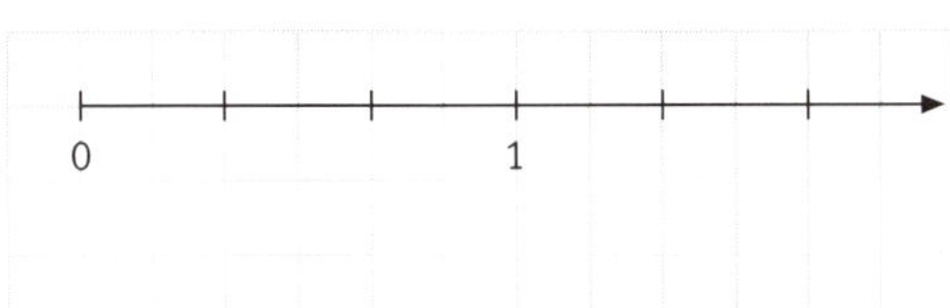

d) $1\frac{2}{7} - \frac{3}{7}$

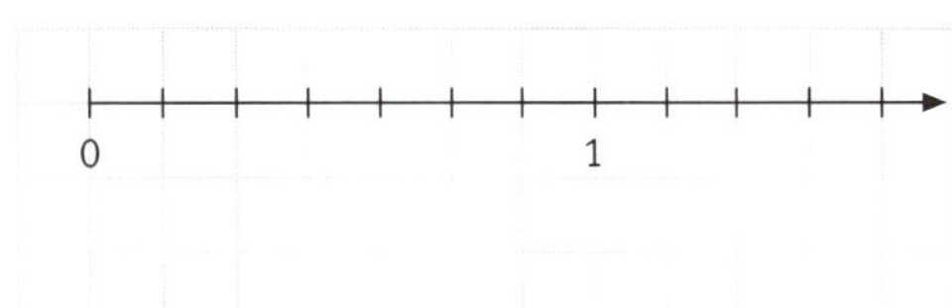

4 Berechne und kürze so weit wie möglich. Schreibe als gemischte oder natürliche Zahl, falls möglich.

a) $\frac{5}{8} - \frac{1}{8} =$

b) $\frac{1}{2} + \frac{3}{2} =$

c) $\frac{9}{12} - \frac{5}{12} =$

d) $\frac{7}{9} + \frac{2}{9} =$

e) $1\frac{5}{6} + 2\frac{1}{6} =$

f) $4\frac{2}{10} - 3\frac{1}{10} =$

1 Veranschauliche die Terme mithilfe von Zahlenpfeilen und berechne den Termwert.

a) $\frac{1}{6} + \frac{1}{3}$

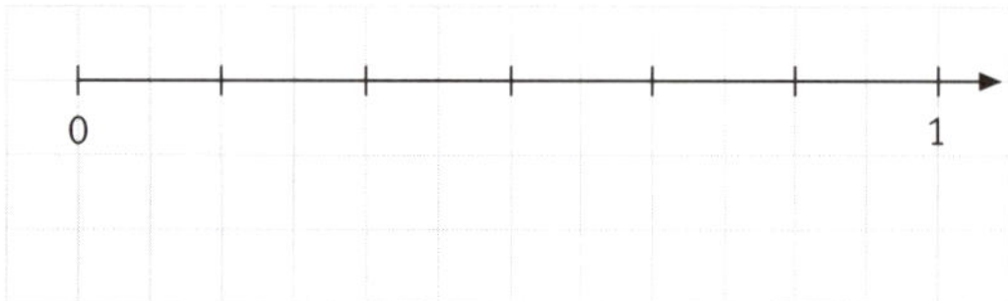

b) $\frac{3}{5} - \frac{4}{10}$

c) $\frac{2}{3} + \frac{4}{9}$

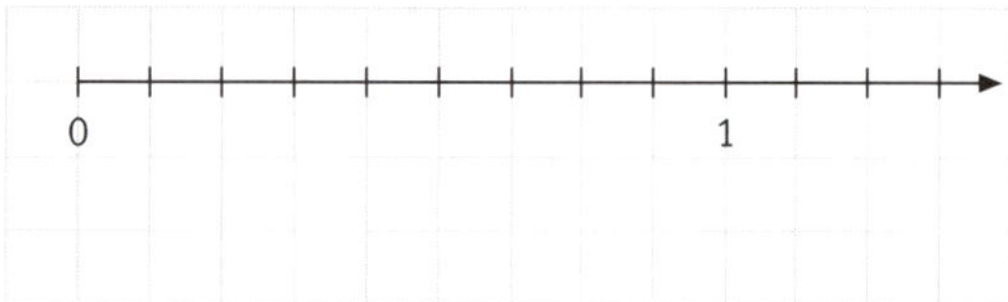

d) $2\frac{1}{4} - 1\frac{1}{2}$

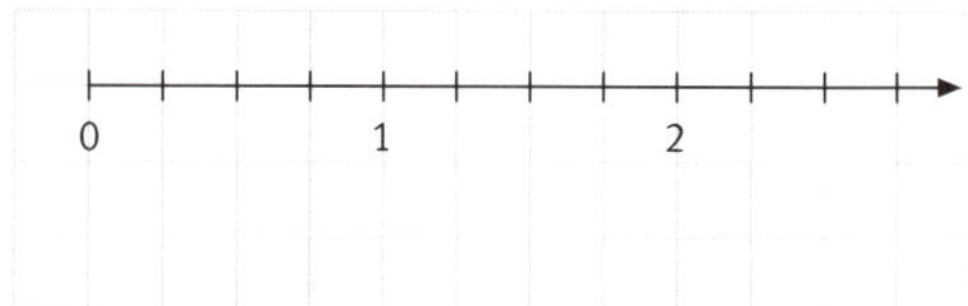

2 Vervollständige die Zahlenmauern.

a)

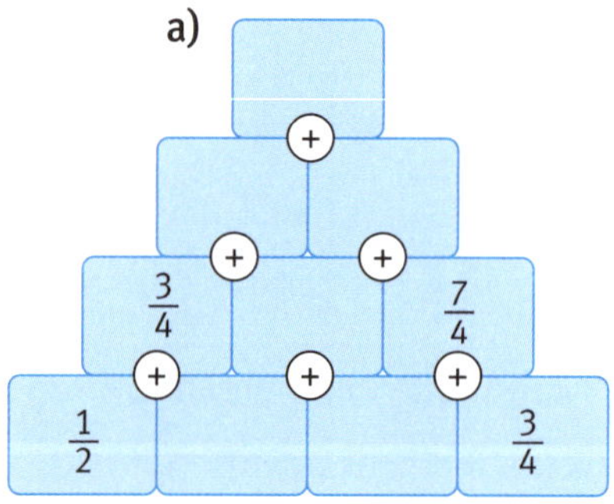

b)

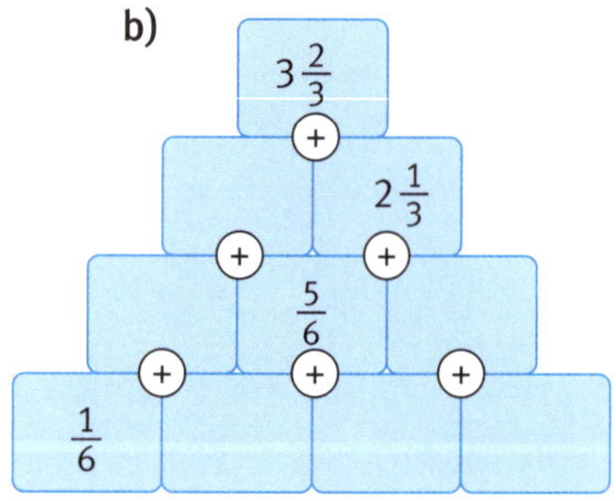

3 Bei jedem magischen Quadrat ist der Summenwert der Zahlen in jeder Zeile, in jeder Spalte und in jeder der beiden Diagonalen jeweils gleich groß.

a) Ergänze die fehlenden Brüche so, dass du ein magisches Quadrat erhältst.

$\frac{1}{2}$		$\frac{11}{24}$
	$\frac{1}{3}$	
$\frac{5}{24}$		

b) Ergänze die fehlenden Brüche so, dass die Summe in jeder Zeile, Spalte und Diagonale den Wert 3 hat.

		$\frac{2}{5}$
$\frac{3}{5}$	1	
		$\frac{6}{5}$

4 Hier stimmt was nicht. Bestimme die richtige Lösung.

a) $\frac{1}{4} + \frac{2}{4} = \frac{3}{8}$ f

b) $2\frac{5}{7} - 1\frac{3}{7} = \frac{2}{7}$ f

c) $3\frac{2}{9} - 1\frac{4}{9} = 2\frac{2}{9}$ f

1 Schreibe als Multiplikation und bestimme die Lösung rechnerisch und zeichnerisch.

a)

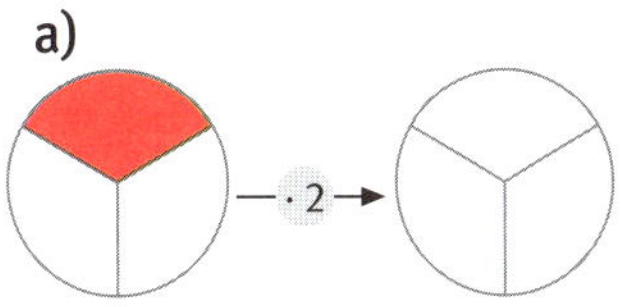

$\frac{1}{3} \cdot 2$ ________ = ________

b)

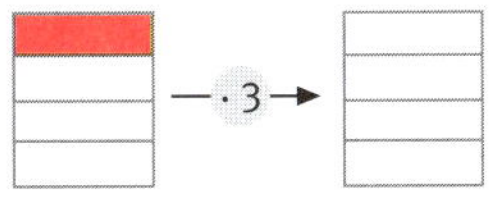

____

c)

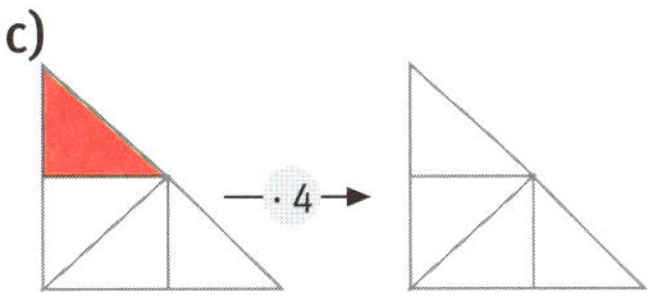

____

2 Berechne. Kürze so weit wie möglich.

a) $\frac{1}{4} \cdot \frac{8}{9} =$ ____________

b) $\frac{2}{7} \cdot \frac{14}{26} =$ ____________

c) $\frac{9}{11} \cdot \frac{11}{9} =$ ____________

d) $\frac{24}{45} \cdot \frac{5}{32} =$ ____________

e) $\frac{39}{85} \cdot \frac{34}{78} =$ ____________

f) $6\frac{7}{8} \cdot \frac{12}{5} =$ ____________

g) $6 \cdot \frac{32}{48} =$ ____________

h) $\frac{2}{9} \cdot \frac{3}{4} \cdot \frac{7}{8} \cdot \frac{14}{21} =$ ____________

3 Vervollständige die Zahlenmauern.

a)

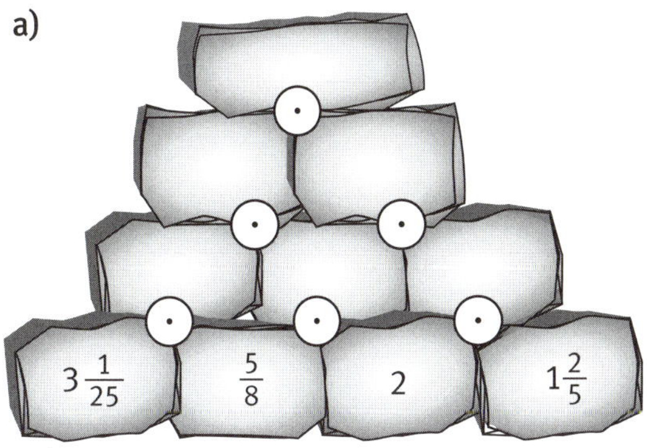

b)

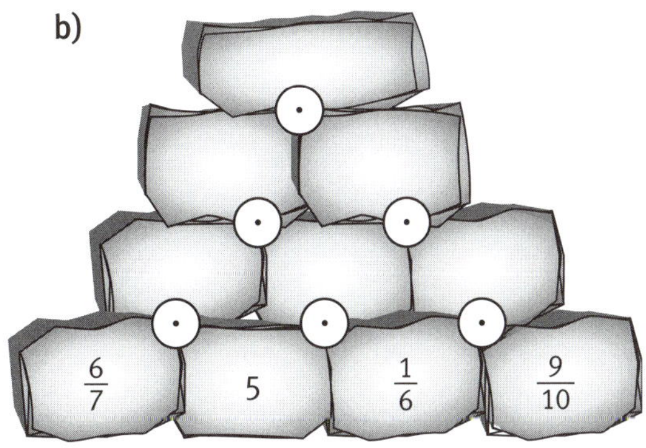

4 Beschreibe in Worten, welche Fehler hier gemacht wurden. Rechne richtig.

a) $\frac{4}{9} \cdot \frac{7}{9} = \frac{4 \cdot 7}{9} = \frac{28}{9} = 3\frac{1}{9}$ *f*

b) $3 \cdot \frac{2}{5} = \frac{6}{15}$ *f*

c) $4\frac{1}{2} \cdot \frac{4}{9} = 4 \cdot \frac{1 \cdot \cancel{4}^{2}}{{}_{1}\cancel{2} \cdot 9} = 4\frac{2}{9}$ *f*

1 Ergänze die fehlenden Angaben.

a)
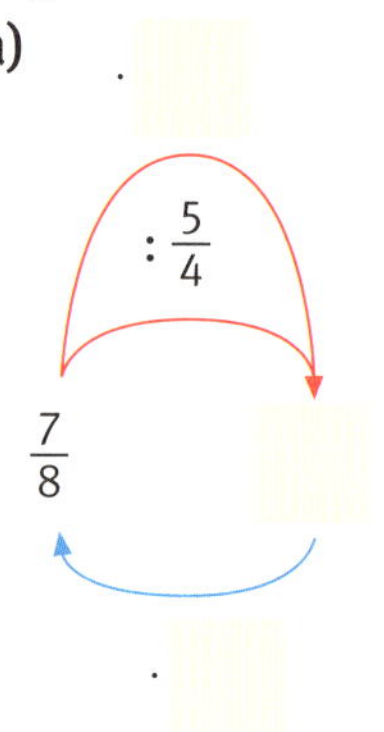

b)
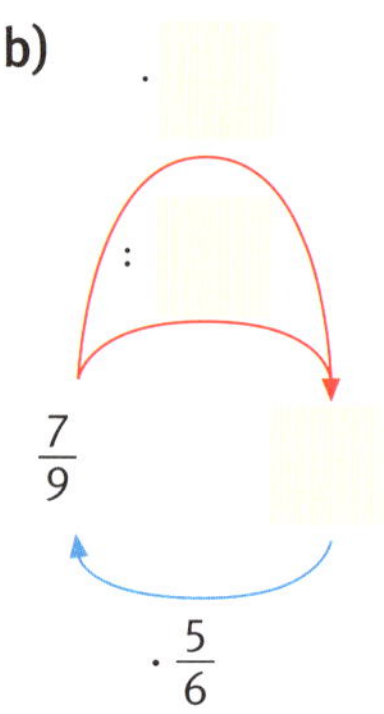

c)
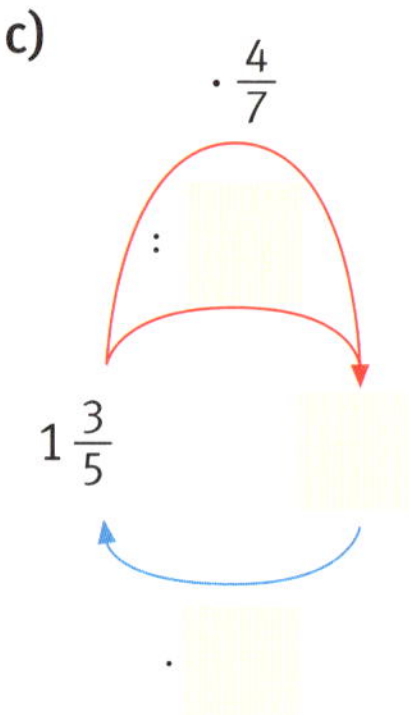

2 Die Abbildungen veranschaulichen Divisionen. Ergänze jeweils die zugehörige Rechnung.

a)
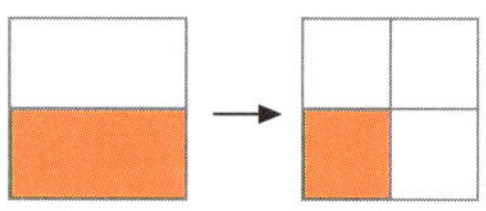

$\frac{1}{2} : 2 =$ ____________________

b)
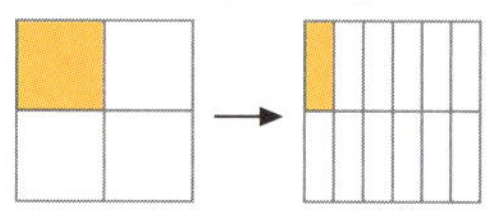

____

c)
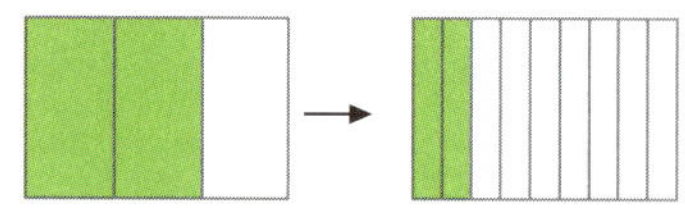

____

3 Berechne. Schreibe das Ergebnis wenn möglich als gemischte Zahl.

a) $\frac{3}{4} : 7 = \frac{3}{4} : \frac{7}{1} = \frac{3}{4} \cdot \frac{1}{7} = \frac{3}{28}$

$\frac{2}{3} : 5 =$ ______ = ______

$\frac{9}{11} : 12 =$ ______ = ______

b) $70 : \frac{28}{5} =$ ______ = ______

$56 : \frac{7}{8} =$ ______ = ______

$9 : \frac{13}{16} =$ ______ = ______

c) $\frac{72}{18} : \frac{56}{27} =$ ______ = ______

$\frac{30}{7} : \frac{10}{35} =$ ______ = ______

$\frac{28}{35} : \frac{7}{5} =$ ______ = ______

4 Lege die sechs Karten 1 1 2 2 4 4 so, dass die Rechnung stimmt. Finde drei Möglichkeiten.

$\frac{\square}{\square} : \frac{\square}{\square} = \frac{\square}{\square}$ $\qquad$ $\frac{\square}{\square} : \frac{\square}{\square} = \frac{\square}{\square}$ $\qquad$ $\frac{\square}{\square} : \frac{\square}{\square} = \frac{\square}{\square}$

5 Hier hat sich wieder der Fehlerteufel eingeschlichen. Beschreibe die Fehler und rechne richtig.

a) $\frac{9}{10} : \frac{3}{10} = \frac{9:3}{10} = \frac{3}{10}$ f

b) $4 : \frac{4}{5} = \frac{4:4}{5} = \frac{1}{5}$ f

c) $\frac{15}{49} : \frac{7}{5} = \frac{15:5}{49:7} = \frac{3}{7}$ f

1 Welches der Rechengesetze Kommutativgesetz (KG), Assoziativgesetz (AG) oder Distributivgesetz (DG) wurde bei der Umformung angewendet? Kreuze an.

a) $\frac{5}{6}+\frac{7}{8}=\frac{7}{8}+\frac{5}{6}$ ◯ KG ◯ AG ◯ DG

b) $2\cdot\left(\frac{1}{2}-\frac{3}{4}\right)=2\cdot\frac{1}{2}-2\cdot\frac{3}{4}$ ◯ KG ◯ AG ◯ DG

c) $\left(3+\frac{7}{4}\right)+\frac{1}{2}=3+\left(\frac{7}{4}+\frac{1}{2}\right)$ ◯ KG ◯ AG ◯ DG

d) $\frac{4}{9}\cdot\frac{1}{5}+\frac{2}{3}\cdot\frac{1}{5}=\left(\frac{4}{9}+\frac{2}{3}\right)\cdot\frac{1}{5}$ ◯ KG ◯ AG ◯ DG

e) $\frac{1}{2}\cdot\frac{7}{9}\cdot\frac{4}{5}=\frac{1}{2}\cdot\frac{4}{5}\cdot\frac{7}{9}$ ◯ KG ◯ AG ◯ DG

f) $\frac{2}{3}\cdot\frac{1}{6}+\frac{3}{4}\cdot\frac{2}{7}=\frac{3}{4}\cdot\frac{2}{7}+\frac{2}{3}\cdot\frac{1}{6}$ ◯ KG ◯ AG ◯ DG

2 Berechne und nutze wenn möglich Rechenvorteile.

a) $\frac{5}{8}+\frac{1}{3}+\frac{3}{4}=$

b) $\frac{3}{5}\cdot\frac{4}{7}-\frac{3}{5}\cdot\frac{1}{14}=$

c) $\left(\frac{4}{9}\cdot2\frac{1}{2}\right)\cdot\frac{9}{4}=$

3 Schreibe zunächst einen Term auf und berechne dann.

a) Addiere die Zahlen $\frac{1}{5}$ und $\frac{3}{2}$ und multipliziere die Summe mit $\frac{5}{9}$.

b) Multipliziere die Zahl 5 mit der Differenz von $\frac{7}{10}$ und $\frac{3}{15}$.

4 Stimmt das? Markiere die Fehler und korrigiere sie.

a) $\frac{2}{3}+\frac{1}{6}\cdot5=\frac{4}{6}+\frac{1}{6}\cdot5=\left(\frac{4+1}{6}\right)\cdot5=\frac{25}{6}$

b) $\frac{5}{8}\cdot\left(\frac{1}{5}+\frac{3}{4}\right)=\left(\frac{5}{8}\cdot\frac{1}{5}\right)+\frac{3}{4}=\frac{1}{8}+\frac{3}{4}=\frac{7}{8}$

c) $\frac{4}{5}\cdot\frac{2}{3}-\frac{1}{6}\cdot\frac{4}{5}=\frac{4}{5}\cdot\frac{1}{2}\cdot\frac{4}{5}=\frac{8}{25}$

d) $1\frac{3}{4}-\frac{2}{5}+\frac{1}{2}=1\frac{3}{4}-\frac{1}{2}+\frac{2}{5}=1\frac{1}{4}+\frac{2}{5}=\frac{33}{20}$

5 Welche Terme gehören zusammen? Markiere sie mit gleicher Farbe.

$\frac{1}{2}+\frac{3}{4}+\frac{1}{2}$	$\frac{1}{2}\cdot\left(\frac{3}{4}+\frac{1}{2}\right)$	$\frac{1}{2}\cdot\left(\frac{3}{4}\cdot\frac{1}{2}\right)$	$\frac{1}{2}\cdot\frac{3}{4}+\frac{1}{2}\cdot\frac{1}{2}$	$\frac{1}{2}\cdot\left(\frac{3}{4}-\frac{1}{2}\right)$
$\left(\frac{1}{2}\cdot\frac{3}{4}\right)\cdot\frac{1}{2}$	$\frac{3}{4}\cdot\left(\frac{1}{2}+\frac{1}{2}\right)$	$\frac{1}{2}\cdot\frac{3}{4}-\frac{1}{2}\cdot\frac{1}{2}$	$\frac{1}{2}+\frac{1}{2}+\frac{3}{4}$	$\frac{3}{4}\cdot1$

Mengenschreibweisen

1 Untersuche die Lagebeziehungen in der Zeichnung.

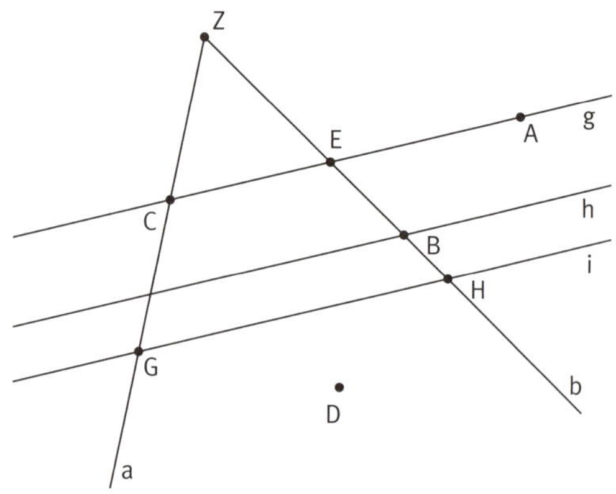

a) Ergänze sinnvoll. Wo gibt es mehrere Lösungen? Gib sie alle an.

1 $a \cap b =$ {Z} 2 h ____ b = ____

3 g ____ i 4 $B \in$ ____

5 b ____ a 6 $\{E\} =$ ____

7 $D \notin$ ____

b) Wie lauten die Mengen in mathematischer Schreibweise?

1 $[ZG \cap [GZ] =$ ____ 2 $[ZB] \cup [EB =$ ____

c) Ergänze in der Zeichnung …

1 eine Gerade k so, dass gilt: $k \parallel g$ und $D \in k$.

2 die Halbgerade m so, dass gilt $m = [CD$.

3 den Punkt F so, dass gilt: $h \cap a = \{F\}$.

2 Übersetze folgende Kurzschreibweise in Worte und ordne die passende(n) Zeichnung(en) zu.

a) $A \in BC$ (Zeichnung ____): ____

b) $A \notin g$ (Zeichnung ____): ____

c) $D \notin AC$ (Zeichnung ____): ____

d) $DA = CB$ (Zeichnung ____): ____

e) $h \cap g = \{E\}$ (Zeichnung ____): ____

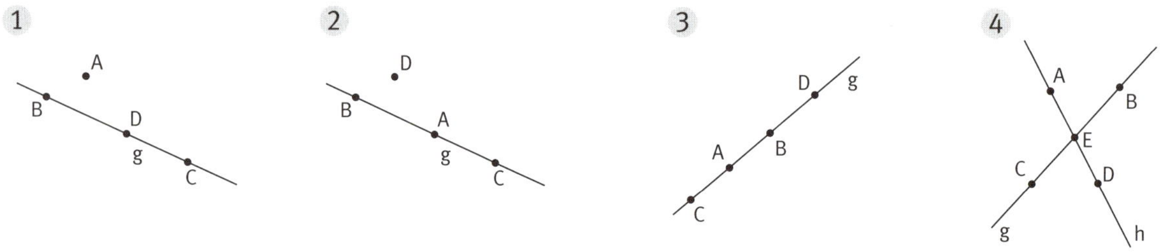

3 Gib die jeweilige Situation in mathematischer Kurzschreibweise an.

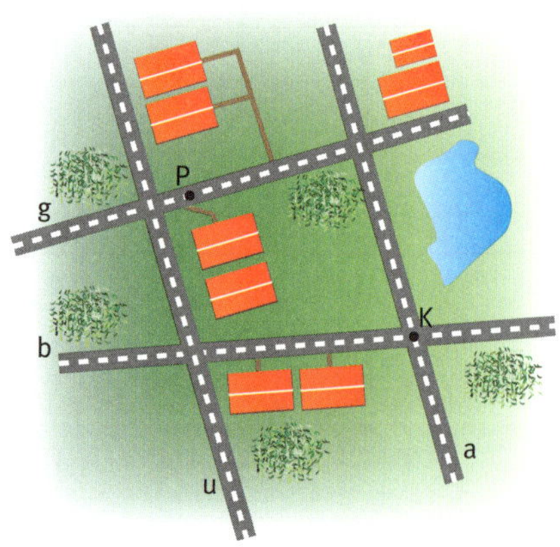

Peter befindet sich in der **G**artenstraße ($P \in g$). **A**nnastraße und **B**ärenstraße kreuzen sich im **K**arlsplatz (a ____ b = ____). Der **U**lmenweg verläuft senkrecht zur **G**artenstraße (____). **P**eter befindet sich nicht in der **B**ärenstraße (____). Der **U**lmenweg ist die Parallelstraße zur **A**nnastraße (____).

4 Richtig oder falsch? Kreuze die richtigen Folgerungen an.

a) $g \parallel h$, also gilt $g \cap h = \emptyset$ ○ **b)** $u \cap v = \{S\}$, also gilt $u \perp v$ ○

c) $C \in [AB]$, also gilt $AC = BC$ ○ **d)** $R \cap [ST = \emptyset$, also gilt $R \notin ST$ ○

1 Bestimme den Abstand der Punkte P, Q, R, S und T von der Geraden g.

Punkt	Abstand zu g
P	
Q	
R	
S	
T	

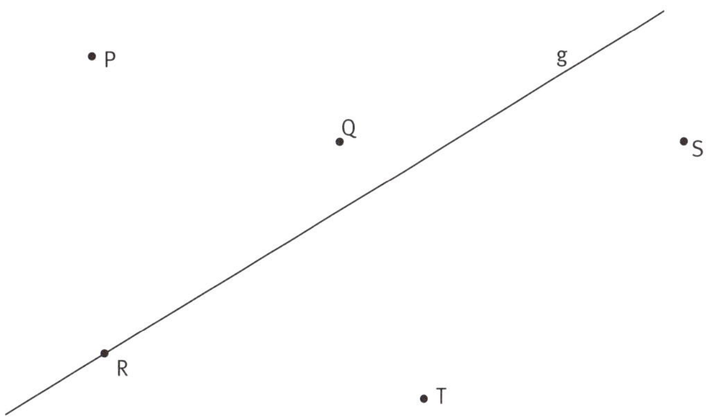

2 Der Kartenausschnitt zeigt eine Gegend in Franken. Bestimme die Luftlinienentfernung zwischen den angegebenen Orten.

von – nach	Karte	Luftlinie
Knetzgau – Lichtenfels	*66 mm*	*39,6 km*
Ebrach – Knetzgau		
Bamberg – Lichtenfels		
Ebrach – Lichtenfels		
Ebrach – Bamberg		

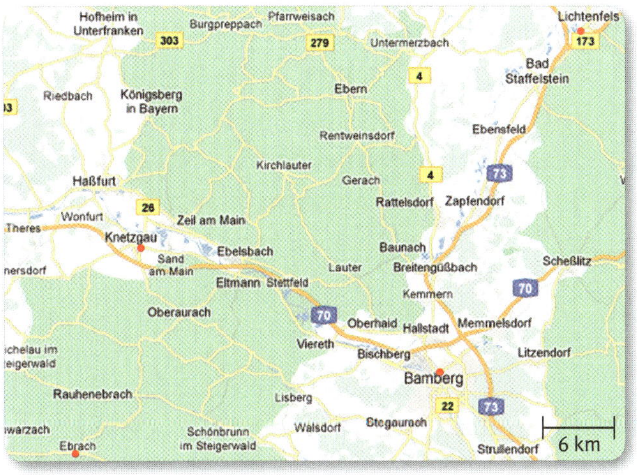

3 Gegeben ist das Dreieck ABC. Zeichne jeweils den Abstand der Punkte A, B und C zu den gegenüberliegenden Seiten ein und miss diesen.

Abstand von A zu a: ____________________

____

____

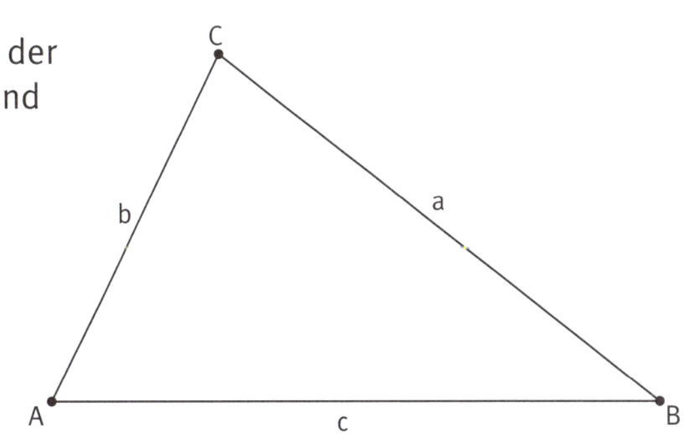

4 Zeichne zu AB und AC jeweils zwei parallele Geraden mit folgendem Abstand.

a) 20 mm

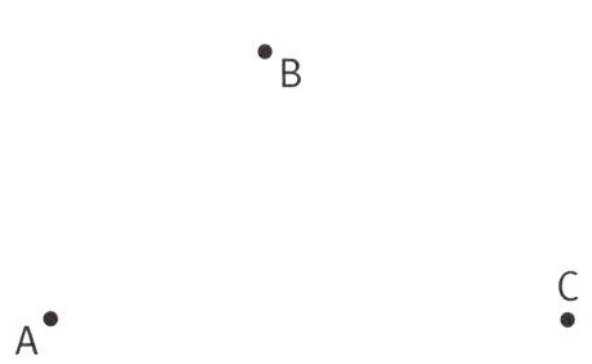

b) 7 mm

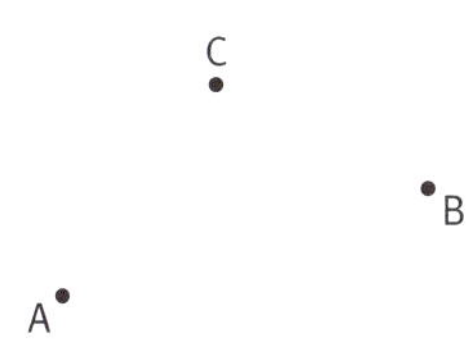

Lagebeziehungen von Kreis und Gerade

1 Veronika sollte als Hausaufgabe Bilder von Kreisen und Geraden mitbringen, welche die verschiedenen Lagen von Kreis und Gerade darstellen. Benenne die Geraden entsprechend ihrer Lage zum Kreis.

a) 

b) 

c) 

d) 

a) ______ b) ______ c) ______ d) ______

2 Wahr (w) oder falsch (f)?

	w	f
a) Eine Sekante hat keinen Schnittpunkt mit dem Kreis.	◯	◯
b) Eine Tangente hat genau einen Berührpunkt mit dem Kreis.	◯	◯
c) Eine Passante berührt den Kreis genau in einem Punkt.	◯	◯
d) Ein Kreis hat mehr als eine Tangente.	◯	◯
e) Eine Tangente verläuft senkrecht zum Radius.	◯	◯
f) Eine Passante hat keinen Schnittpunkt mit dem Kreis.	◯	◯
g) Der Teil einer Sekante, der durch den Kreis verläuft, heißt Sehne.	◯	◯

3 Zeichne zum gegebenen Kreis k ...

a) eine Tangente t durch den Punkt A.

b) eine Passante p im Abstand von 1 cm zur Tangente aus a).

c) die Sekante s durch den Punkt A, die die längste Sehne erzeugt.

d) von A aus eine 2 cm lange Sehne. Wie viele Möglichkeiten findest du? ______

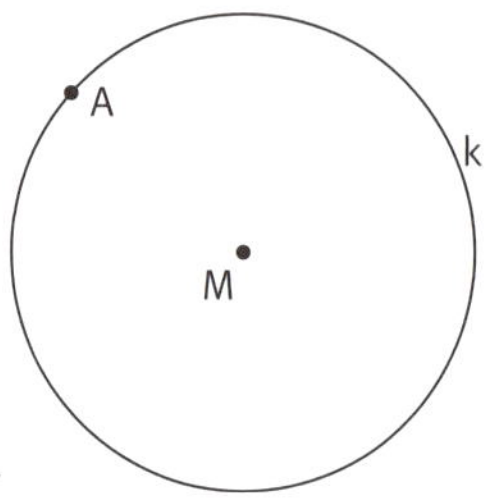

4 Zeichne den Kreis k (M; r = 3 cm) mit M (6 | 4) und eine Gerade g durch A (3 | 8) und B (1 | 4). Gegeben sind weiterhin die Punkte C (5 | 0) und D (0 | 5).

a) Gib die Lagebeziehung von k und g an.

______

b) Auf der Gerade BC gibt es einen Punkt D', sodass die Gerade AD' den Kreis k in genau einem Punkt berührt.

D' (____ | ____)

c) Findest du noch eine weitere Tangente durch A an den Kreis k? Verwende dein Geodreieck.

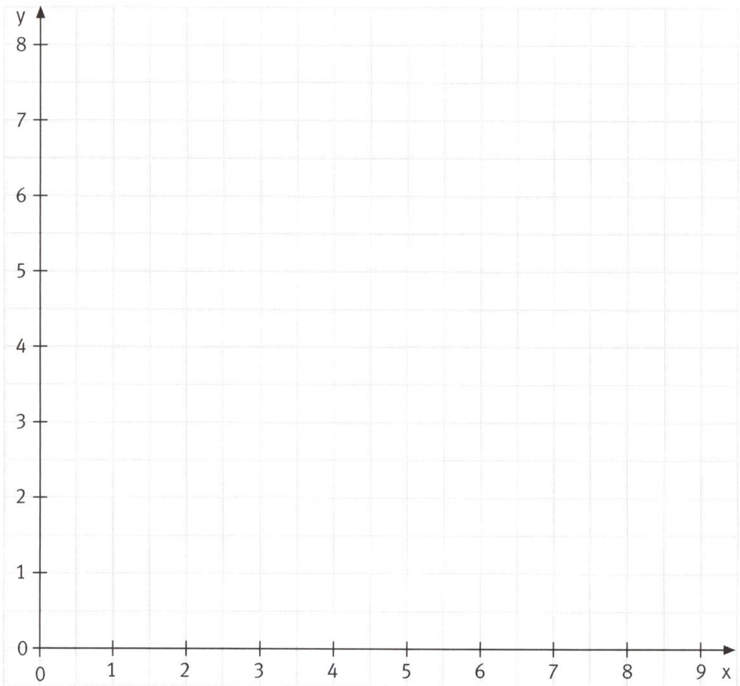

1 Die Gerade k gehört in dieser Zeichnung zur Halbebene $\mathbb{H}_1$.

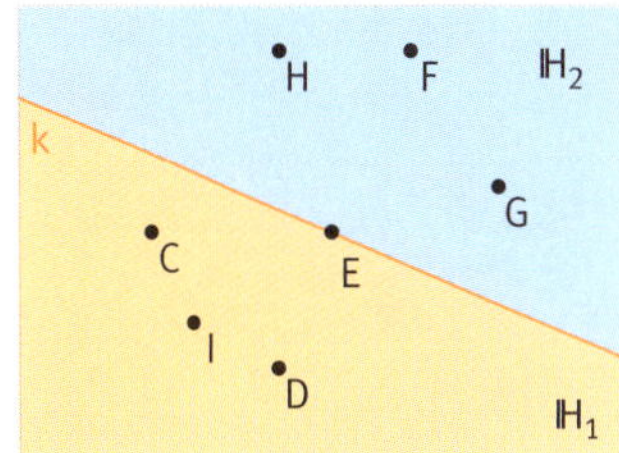

a) In welcher Halbebene liegen die Punkte? Schreibe in Kurzschreibweise.

____

b) Wie liegen die Punkte zur Gerade k? Schreibe in Kurzschreibweise.

____

c) Die Halbebene ________ ist abgeschlossen, die Halbebene ________ ist offen.

2 Zeichne die Gerade g durch die Punkte A (4 | 0) und B (0 | 2) und die Gerade h durch die Punkte C (8 | 0) und D (0 | 4). Durch die Geraden entstehen dabei die vier Halbebenen $\mathbb{H}_1$ (unter g; $g \in \mathbb{H}_1$), $\mathbb{H}_2$ (über g), $\mathbb{H}_3$ (unter h) und $\mathbb{H}_4$ (über h; $h \in \mathbb{H}_4$).

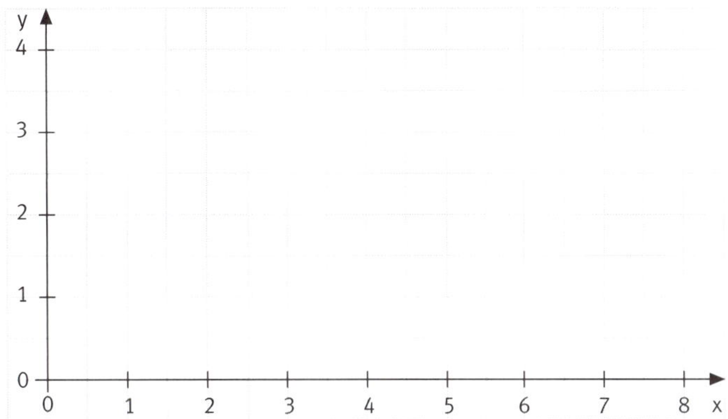

a) Schraffiere die Menge $\mathbb{H}_3 \cap \mathbb{H}_2$.

b) Wo liegt der Punkt P (5 | 4)? Kreuze die richtigen Aussagen an.

◯ $P \in \mathbb{H}_2$　　◯ $P \notin \mathbb{H}_3 \cap \mathbb{H}_2$

◯ $P \notin \mathbb{H}_4$　　◯ $P \notin \mathbb{H}_4 \cup \mathbb{H}_1$

c) Finde zwei Punkte auf der y-Achse, die in $\mathbb{H}_2$ liegen.

S_1 (____ | ____)　　S_2 (____ | ____)

d) Gibt es einen Punkt, der sowohl in $\mathbb{H}_1$ als auch in $\mathbb{H}_4$ liegt?

____

____

3 Hier ist etwas durcheinander geraten. Nummeriere die Bilder passend. Die gesuchten Mengen sind jeweils grau schraffiert.

1 $g \parallel h$ und $\mathbb{H}_1 \cap \mathbb{H}_2$

2 $g \nparallel h$ und $\mathbb{H}_1 \cup \mathbb{H}_2$

3 $g \parallel h$ und $\mathbb{H}_1 \cup \mathbb{H}_2$

____

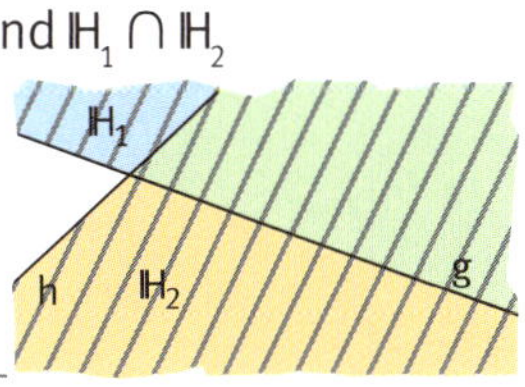

____

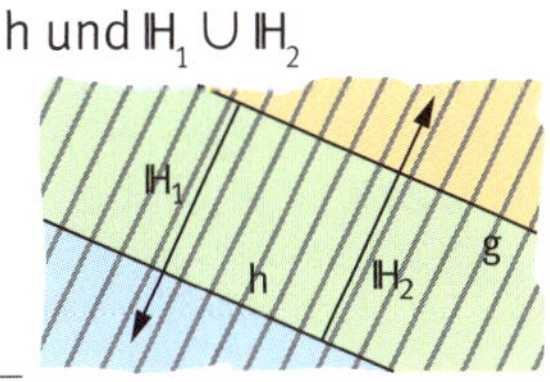

____

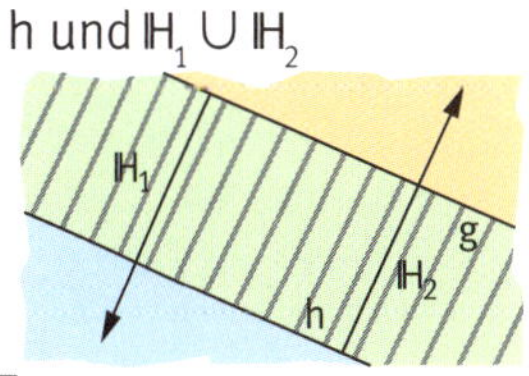

4 Die Randgerade h gehört zur Halbebene $\mathbb{H}_1$.

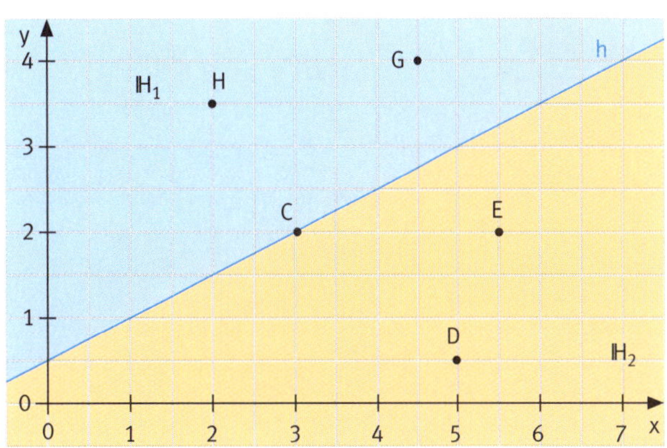

a) Miss die Abstände der Punkte H, C und G von h. Notiere in Kurzschreibweise.

____

____

b) Füge das richtige Zeichen ein.

1 GE ____ h　2 h ____ $\mathbb{H}_2$　3 C ____ h

4 D ____ $\mathbb{H}_1$　5 C ____ $\mathbb{H}_1$　6 D ____ $\mathbb{H}_2$

1 Bestimme die Winkelart und das Winkelmaß der abgebildeten Winkel.

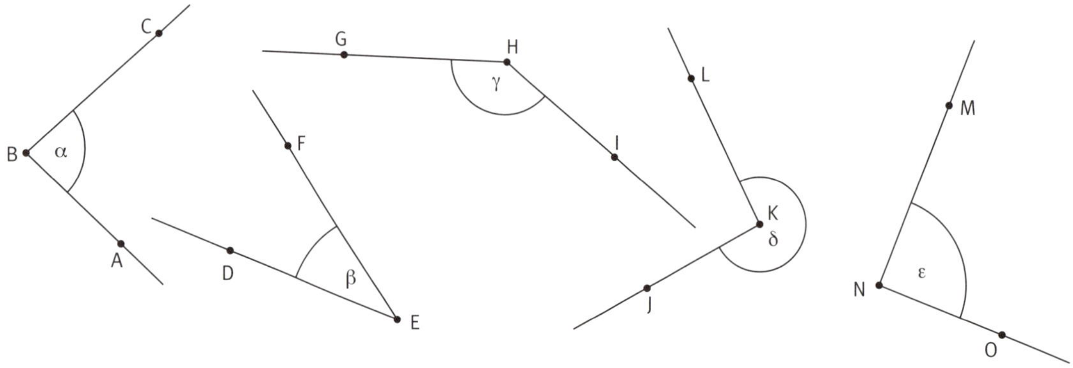

	α	β	γ	δ	ε
Winkelart					
Winkelmaß					
Bezeichnung	∢ABC				

2 Zeichne folgende Winkel: $\alpha = 46°$; $\beta = 75°$; $\gamma = 170°$; $\delta = 225°$; $\varepsilon = 290°$

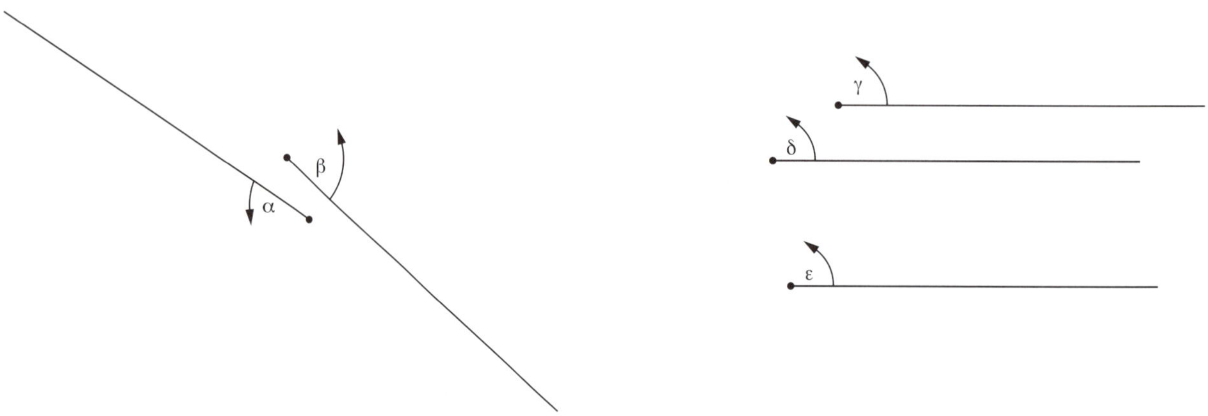

3 Setze die Zeichnungen bis zum Rand bzw. um mindestens neun Schritte fort.

a)

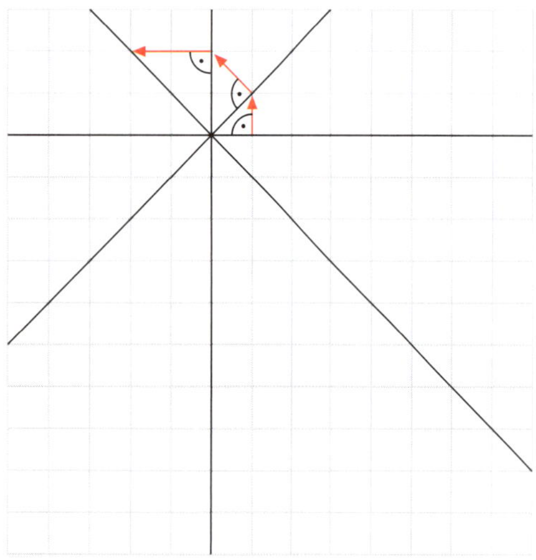

b)

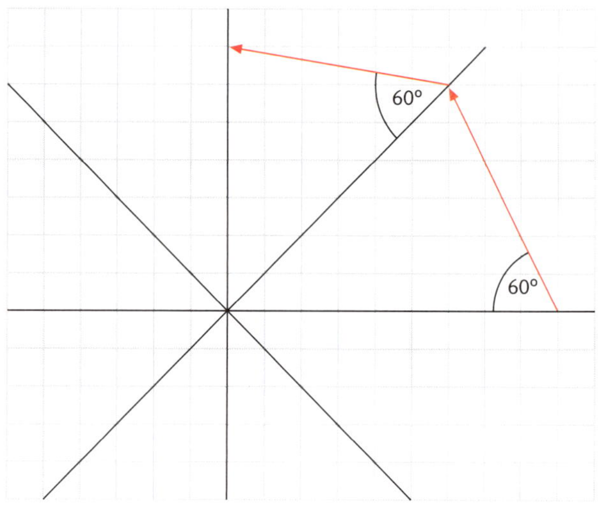

1 Bestimme die fehlenden Winkelmaße (die Zeichnungen sind nicht maßstäblich).

a)

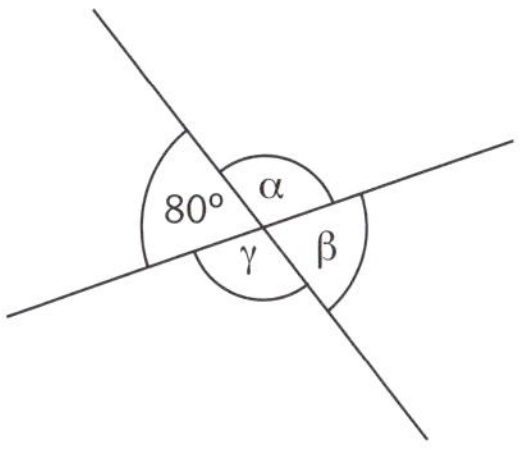

b)

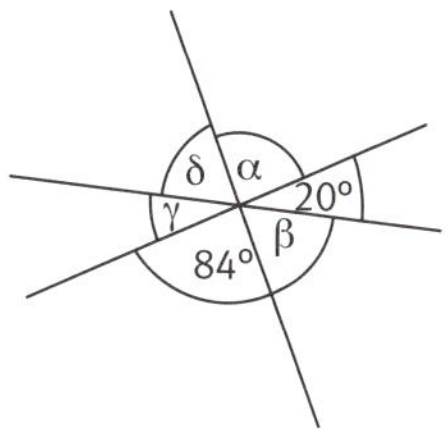

c)

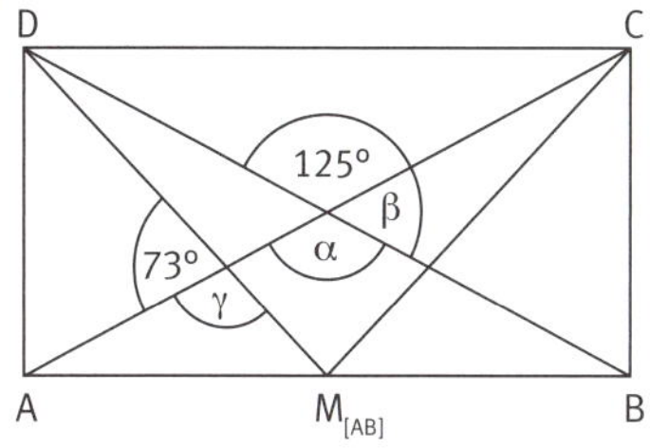

a) $\alpha =$ ______ $\beta =$ ______ $\gamma =$ ______

b) $\alpha =$ ______ $\beta =$ ______ $\gamma =$ ______ $\delta =$ ______

c) $\alpha =$ ______ $\beta =$ ______ $\gamma =$ ______

2 Welche Aussagen treffen für die nebenstehende Zeichnung zu? Kreuze an.

- ◯ β und δ bzw. α und γ sind immer gleich groß.
- ◯ Es können nie alle vier Winkel maßgleich sein.
- ◯ Wenn $\alpha = 90°$ ist, dann sind alle Winkel gleich groß.
- ◯ Nebenwinkel ergänzen sich zu 180°.
- ◯ Wenn $\gamma = 80°$ ist, dann ist δ doppelt so groß wie γ.
- ◯ Ist $\alpha = 60°$, dann ist β doppelt so groß wie α.
- ◯ Gegenüberliegende Winkel sind maßgleich und heißen Scheitelwinkel.

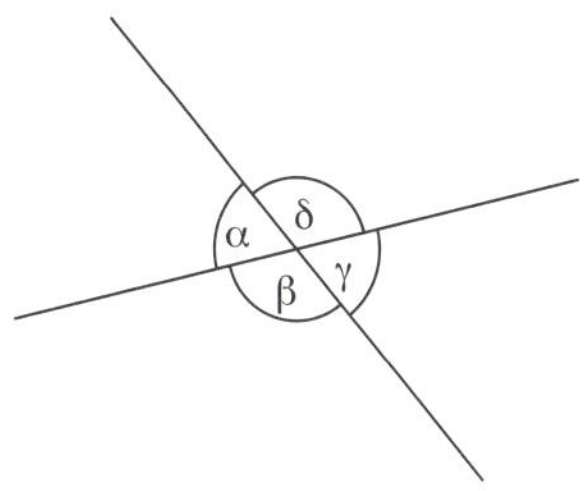

3 Zwei Geraden g und h schneiden sich in A. Der Schittwinkel hat das Maß α, sein Nebenwinkel das Maß β. α soll dreimal so groß sein wie β. Berechne die Winkelmaße und vervollständige die Zeichnung.

$\alpha =$ ______ $\beta =$ ______

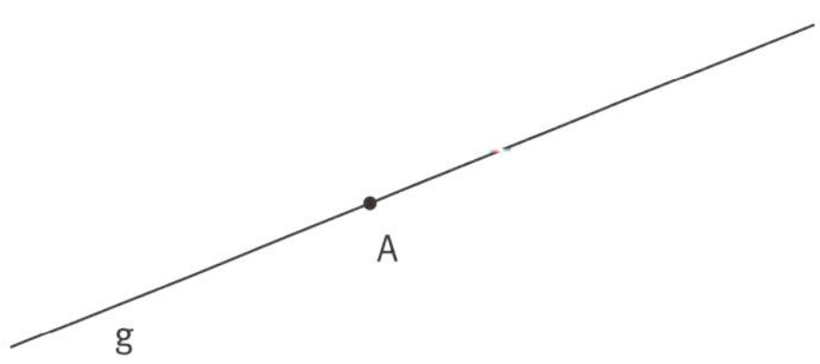

4 Untersuche die Flaggen auf Neben-und Scheitelwinkel. Miss mit deinem Geodreieck die Winkel. Verlängere dafür die entsprechenden Schenkel.

a)

b)

c)

______________________ ______________________ ______________________

______________________ ______________________ ______________________

Punktmengen am Kreis

1 Beschrifte zunächst die Zeichnung anhand der Farben und fülle anschließend die Lücken im Text.

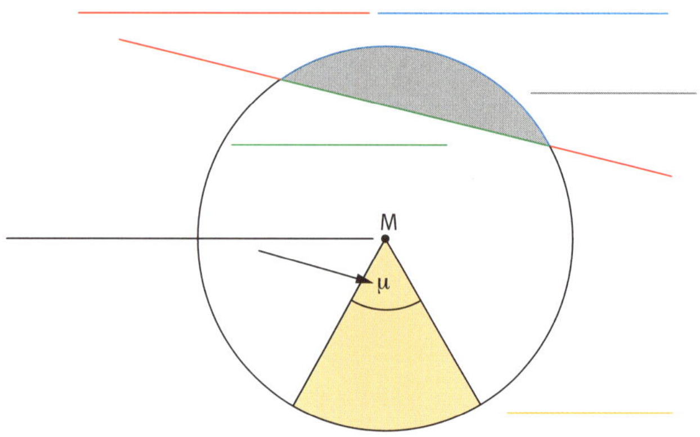

Durch eine ______________ wird ein Kreis in zwei ______________ geteilt. Kreissegmente werden durch eine ______________ und einen ______________ begrenzt. Ein Kreis wird durch zwei Radien in ______________ geteilt. Die Größe des ______________ ist durch das Maß des ______________________ μ bestimmt. Ein ______________ ist durch zwei Radien und einen ______________ begrenzt.

2 Unten siehst du Bilder aus dem täglichen Leben, in denen Kreissektoren vorkommen. Miss für die auftretenden Sektoren jeweils die Mittelpunktswinkel.

a)

μ = ________

b)

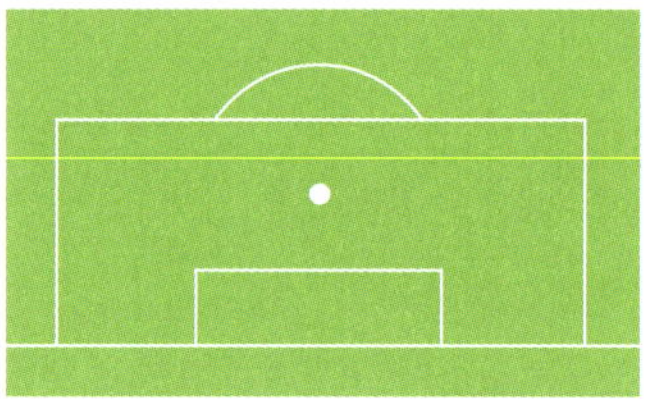

μ = ________

c)

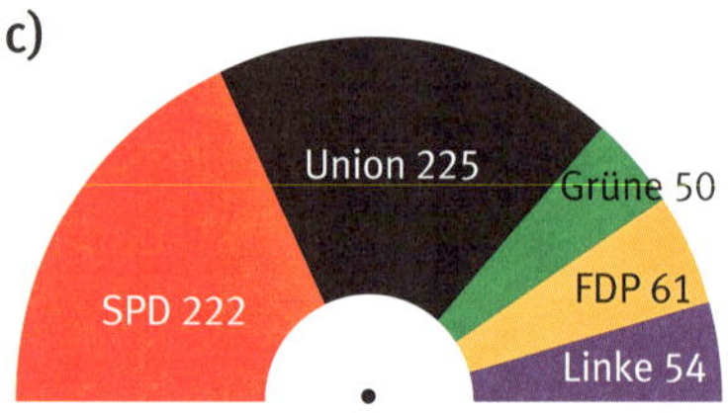

μ_{SPD} = ________ μ_{Union} = ________

$\mu_{Grüne}$ = ________ μ_{FDP} = ________

μ_{Linke} = ________

____

3 Ergänze jeweils die Zeichnung wie dargestellt. Bestimme anschließend das Maß des Winkels PMQ und trage es in die Zeichnung ein.

a) r = 4 cm; s = 5 cm

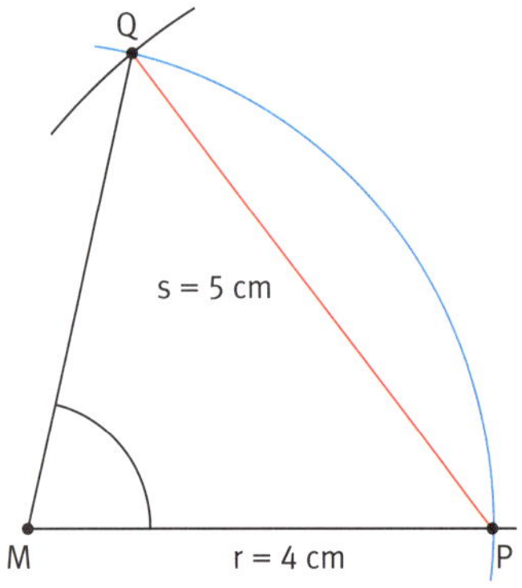

b) r = 5 cm; s = 5 cm

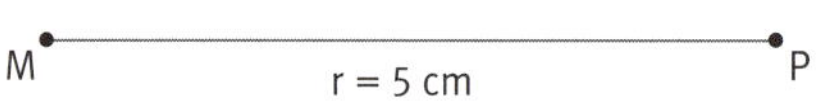

c) r = 4 cm; s = 3 cm

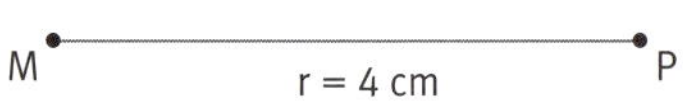

1 Trage die folgenden Zahlen in die Stellenwerttafel ein.

a) $\frac{75}{100}$ b) 2,567 c) $\frac{19}{1000}$ d) 12,092 e) 9,0909 f) 0,405

	Bruch	Z	E	z	h	t	zt	Dezimalzahl
a)	$\frac{75}{100}$							
b)								2,567
c)								
d)								
e)								
f)								

2 Male Karten, die zusammengehören, mit derselben Farbe aus.

$\frac{2}{100}$ · 2 Tausendstel · 2 Fünftel · 4 Zehntel · 0,002 · $\frac{4}{10}$ · $\frac{1}{50}$ · $\frac{4}{200}$ · 2 Zehntel · 0,2 · $\frac{2}{5}$ · 1 Fünftel · 0,4 · $\frac{1}{500}$ · $\frac{2}{10}$ · $\frac{2}{1000}$ · 0,02 · $\frac{1}{5}$ · 1 Fünfzigstel · $\frac{4}{100}$ · 2 Hundertstel

3 Welche Dezimalzahlen sind auf dem Ausschnitt der Zahlenhalbgerade markiert?

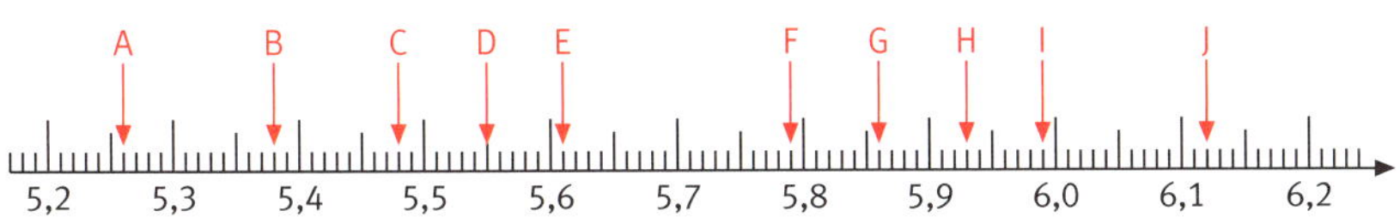

A: ______ B: ______ C: ______ D: ______ E: ______ F: ______ G: ______ H: ______ I: ______ J: ______

4 Schreibe als Bruch. Kürze danach so weit wie möglich.

a) $0{,}25 = \frac{25}{100} = \frac{1}{4}$ b) 0,02 = ____ = ____ c) 0,15 = ____ = ____

d) 0,36 = ____ = ____ e) 0,125 = ____ = ____ f) 0,628 = ____ = ____

g) 0,82 = ____ = ____ h) 0,60 = ____ = ____ i) 0,248 = ____ = ____

5 Schreibe als Dezimalzahl.

a) $\frac{81}{100}$ = ______ b) $\frac{3}{10}$ = ______ c) $\frac{815}{1000}$ = ______ d) $\frac{1}{2}$ = ______

e) $\frac{5}{25}$ = ______ f) $\frac{3}{50}$ = ______ g) $\frac{3}{20}$ = ______ h) $\frac{100}{125}$ = ______

Dezimalbrüche ordnen

1 Setze <, > oder = ein.

a) 3,42 ◯ 3,24
0,99 ◯ $\frac{99}{100}$
5,68 ◯ $\frac{568}{10}$

b) 1,31 ◯ 1,311
$\frac{1}{4}$ ◯ 0,35
$\frac{87}{10}$ ◯ 0,87

c) 6,2202 ◯ 6,222
0,005 ◯ $\frac{5}{1000}$
6,339 ◯ 6,239

d) 2,022 ◯ $2\frac{22}{100}$
0,129 ◯ 0,13
14,270 ◯ 14,27

2 Ordne die Dezimalbrüche der Größe nach. Beginne mit dem kleinsten.

a)	1,320	1,232	1,230	1,323	1,233
Reihenfolge			1		
b)	9,909	9,099	9,999	9,090	9,009
Reihenfolge					
c)	22,220	2,202	22,202	22,002	2,002
Reihenfolge					
d)	1,44	1,404	1,444	1,004	1,4
Reihenfolge					

3 Markiere Zahlen mit dem gleichen Wert in jeweils gleicher Farbe.

0,25 | $\frac{1}{40}$ | 0,2500 | $2\frac{1}{2}$ | $\frac{1}{4}$ | $\frac{25}{10}$

2,5 | 0,0250 | 0,250 | 0,025 | 2,50

4 Bestimme vier Dezimalbrüche, die zwischen den angegebenen liegen.

a) 2,401 < ____ ; ____ ; ____ ; ____ < 2,411

b) 0,0075 < ____ ; ____ ; ____ ; ____ < 0,0077

c) 12,01 < ____ ; ____ ; ____ ; ____ < 12,02

5 Ordne die Ziffernkärtchen [,] [0] [4] [0] [7] [9] so an, dass …

a) eine möglichst große Zahl entsteht.

b) eine möglichst kleine Zahl entsteht.

c) eine Zahl möglichst nahe bei 1 entsteht.

d) eine Zahl möglichst nahe bei 4 entsteht.

Hinweis: Beachte, dass die Zahl nicht mit einem Komma enden soll.

Dezimalbrüche runden

1 Runde die Dezimalbrüche auf die angegebenen Stellen.

	Dezimalbruch	Einer	Zehntel	Hundertstel	Tausendstel
a)	0,5489				
b)	23,56672				
c)	1,6464				
d)	5,2355				
e)	19,9795				

2 Nenne fünf Dezimalbrüche, die zwischen ...

a) 1,3 und 1,5 liegen.

____

b) 1,32 und 1,33 liegen.

____

c) 5,98 und 5,99 liegen.

____

d) 55,291 und 55,292 liegen.

____

3 Gib alle Dezimalbrüche mit zwei Stellen nach dem Komma an, die beim Runden auf Zehntel die angegebene Zahl ergeben.

a) 3,2: ____________________

b) 13,4: ____________________

c) 8,6: ____________________

d) 143,9: ____________________

e) 81,7: ____________________

4 Runde sinnvoll.

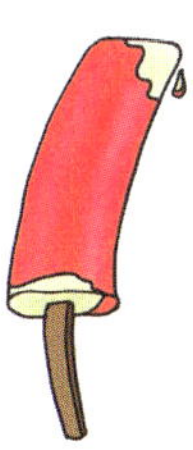

schwerstes Eis am Stiel 6,36 t

längster Lebkuchen 242,31 m

schwerstes Osterei 4,755 t

schwerste Geburtstagstorte 3,764 t

längster Apfelstrudel 1,389 km

längste Bratwurst 1,715 km

längster Lebkuchen: ____________________

schwerstes Osterei: ____________________

längste Bratwurst: ____________________

längster Apfelstrudel: ____________________

schwerste Geburtstagstorte: ____________________

schwerstes Eis am Stiel: ____________________

1 Berechne.

a)	b)	c)	d)	e)
0,3518	52,93	538,16	43,910	789,50
9,5704	137,52	579,00	7,657	661,92
+ 2,0098	+ 23,64	+ 6,63	− 14,355	− 78,50

2 Suche jeweils zwei Karten, deren Summe eine natürliche Zahl ergibt, und markiere sie mit gleicher Farbe.

7,13	8,88	1,901	12,55	0,099	2,87	9,99	13,13
1,45	3,257	0,12	1,743	1,01	1,68	0,87	23,32

3 Berechne.

a) 34,745 + 78,49 + 4,148

b) 25,9 + 20,72 + 104,206 + 0,33

c) 45,63 − 11,8 − 8,008 − 1

a)
```
   3 4,7 4 5
   7 8,4 9 0
+    4,1 4 8
```

4 Welche Aufgabe passt zum Ergebnis? Kreuze an. Es können auch mehrere Antworten richtig sein.

a)	◯ 0,02 + 2 − 0,2	◯ 2,02 − 0,2 − 0,02	◯ 0,22 − 0,02 + 2	= 1,8
b)	◯ 0,95 + 1,1 − 1,05	◯ 2,42 + 1,65 − 3,07	◯ 10,4 − 9,3 + 0,2	= 1
c)	◯ 15,25 − 14,98 + 0,48	◯ 5,35 + 0,25 − 4,75	◯ 0,05 + 3,7 − 3	= 0,75

5 Welcher Laster gehört zum jeweiligen Parkplatz? Ordne zu. Rechne auf einem Extrablatt.

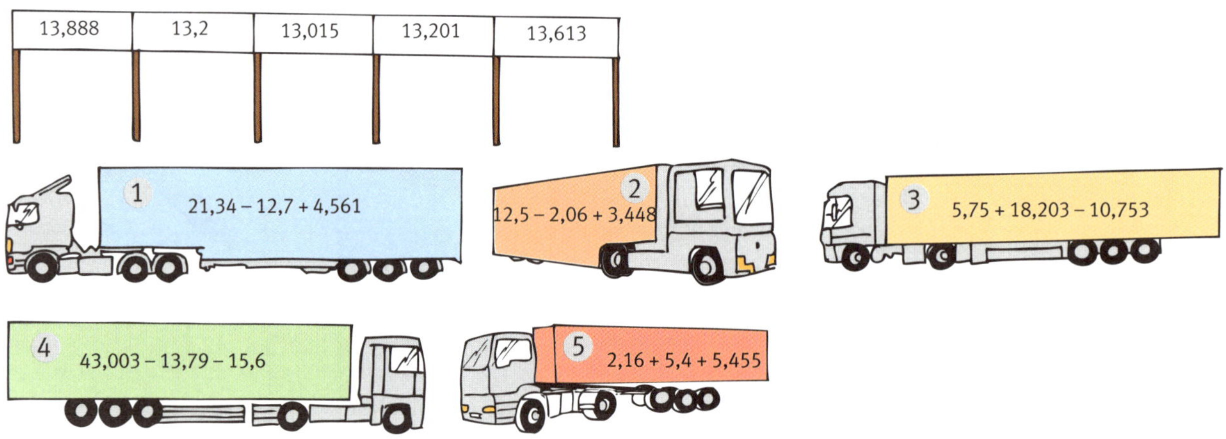

1 Gib das Ergebnis an.

	· 100	· 10 000	· 0,1	· 0,001
214,2015				
35,76				
1,8				
0,03				

2 Berechne.

a) 3,15 · 4,9

b) 0,75 · 12

c) 135,67 · 8,03

d) 21,55 · 4,45

e) 17,07 · 0,43

f) 56,78 · 17,5

3 Multipliziere jeweils die größte mit der kleinsten Zahl. Runde das Ergebnis auf Einer und Zehntel.

a) 0,45; 0,238; 0,079; 0,05

auf Einer: ____________

auf Zehntel: ____________

b) 1,555; 155,5; 1555; 15,55

auf Einer: ____________

auf Zehntel: ____________

c) 0,4302; 4,32; 23,4; 4,3

auf Einer: ____________

auf Zehntel: ____________

4 Berechne. Die Lösungen ergeben ein Lösungswort: *Ich bin ein Rechen-*____________.

7,0825 · 3 =	4,8 · 0,1 =	0,3 · 0,2 =	21,5 · 1,25 =
A 212,475 K 21,2475	A 4,8 U 48	M 0,6 S 0,05	IG 26,875 R 2,6875
U 2,12475 S 21,2457	Ö 0,48 T 0,048	N 0,06 A 0,5	UL 28,675 D 28,765

Dezimalbrüche durch natürliche Zahlen dividieren

1 Ordne jedem Term den richtigen Wert zu.

a) 114,27 : 100 — 1,1427 | 11 427 | 0,11427

b) 0,25 : 1000 — 25 | 250 | 0,00025

c) 10,07 : 10 — 100,7 | 1,007 | 0,1007

2 Die obere Rechnung ist gegeben. Bestimme im Kopf die Werte der anderen Terme.

a) 328,62 : 3 = 109,54	**b)** 8,505 : 15 = 0,567	**c)** 28,84 : 28 = 1,03	**d)** 0,04 : 20 = 0,002
32,862 : 3 =	85,05 : 15 =	0,2884 : 28 =	4 : 20 =
32 862 : 3 =	0,8505 : 15 =	288,4 : 28 =	0,4 : 20 =
0,32862 : 3 =	850,5 : 15 =	28 840 : 28 =	0,0004 : 20 =

3 Berechne.

a) 22,5 : 5 =

b) 25,85 : 11 =

c) 126,72 : 18 =

d) 0,54 : 12 =

4 Berechne jeweils den Preis für eine Flasche (alle Angaben ohne Pfand).

a)

b)

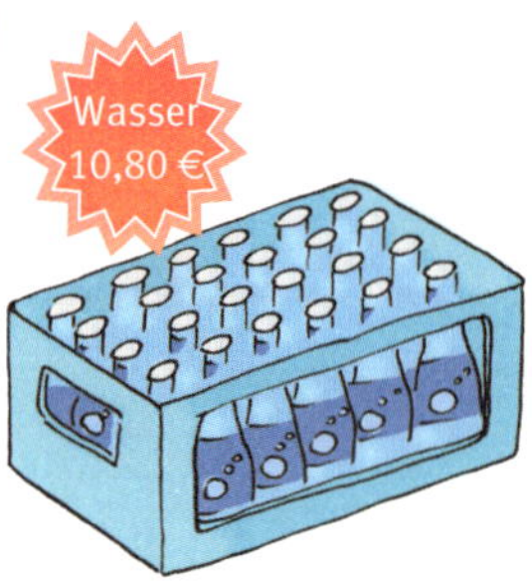

c)

d)

1 Berechne.

a) 2,25 : 1,5

b) 15,8 : 0,4

c) 73,05 : 1,5

d) 17,1 : 0,25

2 Wähle jeweils den Dividenden und Divisor so aus, dass du das zugehörige Ergebnis des Quotienten findest. Markiere zusammengehörende Felder in gleicher Farbe (jedes Feld nur ein Mal!).

Dividend			Divisor			Ergebnis des Quotienten		
0,5	0	0,0027	0,000006	12,05	8,8	0,01	100 000	100
8,8	27	4,5	0,27	0,005	9,9	10	10	1000
0,5	0,99	0,006	0,05	0,45	0,00027	0,1	0	1

3 Bestimme die fehlende Zahl.

a) Dividiere 4,801 durch 0,2.

b) Durch welche Zahl muss man 2,4 dividieren, um 4,8 zu erhalten?

c) Mit welcher Zahl muss man 3,2 multiplizieren, um 16,32 zu erhalten?

4 Beschreibe den Fehler in Worten und korrigiere ihn.

a) *0,035 · 100 = ~~0,00035~~ f*

b) *21,35 : 7 = ~~3,5~~ f*

c) *56 : 0,8 = ~~0,7~~ f*

Endliche und periodische Dezimalbrüche

1 Ist der Dezimalbruch endlich (e), reinperiodisch (r) oder gemischtperiodisch (g)? Kreuze an.

a) $1,\overline{451}$ ○ e ○ r ○ g
b) $1,4\overline{51}$ ○ e ○ r ○ g
c) $1,451$ ○ e ○ r ○ g
d) $1,45\overline{1}$ ○ e ○ r ○ g

2 Welcher Dezimalbruch gehört zu welchem echten Bruch? Ordne zu.

$0,\overline{1}$ | $0,1\overline{6}$ | $0,\overline{5}$ | $0,\overline{09}$ | $0,\overline{3}$ | $0,8$ | $0,375$ | $0,\overline{01}$ | $0,75$ | $0,0\overline{1}$

a) $\frac{1}{3} =$ **b)** $\frac{1}{9} =$ **c)** $\frac{4}{5} =$ **d)** $\frac{1}{6} =$ **e)** $\frac{3}{4} =$

f) $\frac{1}{11} =$ **g)** $\frac{1}{90} =$ **h)** $\frac{5}{9} =$ **i)** $\frac{3}{8} =$ **j)** $\frac{1}{99}$

3 a) Bestimme jeweils die fehlenden Werte.

$\frac{2}{90}$	$\frac{3}{90}$	$\frac{4}{90}$	$\frac{5}{90}$	…	$\frac{8}{90}$	$\frac{9}{90}$	$\frac{10}{90}$	$\frac{11}{90}$	…	$\frac{18}{90}$	$\frac{19}{90}$	$\frac{20}{90}$	$\frac{21}{90}$
$0,0\overline{2}$	$0,0\overline{3}$			…				$0,1\overline{2}$	…		$0,2\overline{1}$		

b) Nach welcher Gesetzmäßigkeit lassen sich die Dezimalbrüche bei a) bestimmen? Kreuze an.

○ Man ordnet immer die letzte Ziffer des Nenners unter der Hundertstelstelle unter der Periode an.
○ Die Zehntelstelle gibt an, wie oft der Nenner durch 9 teilbar ist. Die Periode an der Hundertstelstelle gibt an, welcher Rest bei dieser Division durch 9 übrig bleibt.
○ Wird der Nenner um 1 erhöht, dann wird auch die Ziffer unter der Periode immer um 1 erhöht.

4 Wandle in einen Dezimalbruch um.

a) $\frac{3}{16} =$ ______ **b)** $\frac{5}{12} =$ ______ **c)** $\frac{7}{11} =$ ______

5 Setze <, > oder = ein.

a) $0,\overline{3}$ ○ $0,3$
$0,\overline{3}$ ○ $\frac{1}{3}$
$0,\overline{3}$ ○ $0,33$
$0,\overline{3}$ ○ $0,34$

b) $1,01$ ○ $1,\overline{01}$
$1,0\overline{1}$ ○ $1,\overline{01}$
$1,01$ ○ $1,0\overline{1}$
$\frac{100}{99}$ ○ $1,\overline{01}$

c) $2,17$ ○ $2,1\overline{7}$
$2,178$ ○ $2,1\overline{7}$
$2,\overline{17}$ ○ $2,1\overline{7}$
$2,\overline{17}$ ○ $2\frac{17}{99}$

d) $0,09$ ○ $0,\overline{9}$
$0,\overline{09}$ ○ $0,091$
$0,\overline{9}$ ○ $0,\overline{89}$
$0,\overline{9}$ ○ $1 - 0,0001$

1 Übersetze auf den Termkärtchen die Beschreibungen in Terme und umgekehrt ($\mathbb{G} = \mathbb{Q}_0^+$).

Beschreibung	Term
Summe aus dem Doppelten einer Zahl und 91	*2 · x + 91*
Differenz aus einer Zahl und dem Fünffachen von 7	
Produkt aus 14 und der Summe einer Zahl und 8	
Quotient aus 2 und der Summe einer Zahl und 9	
Differenz aus 27 und dem Quotienten aus einer Zahl und 8	
	38 + x · 12
Summe aus	13 + x

2 Entscheide, welcher Term den Sachverhalt beschreibt. Es können auch mehrere Terme zutreffend sein.

a) Ein Rechteck ist dreimal so lang wie breit. Wie groß ist sein Umfang? a ist die Breite des Rechtecks.

◯ 2 · (3 + a) ◯ (3a + a) · 2 ◯ 8a ◯ 3a · a ◯ a + 3 · a ◯ 6 · a + 2 · a

b) Tina kauft einen Zirkel für 9 € und mehrere Bleistifte für je 75 ct. Welcher Term beschreibt die Gesamtkosten in ct, wenn x für die Anzahl der Bleistifte steht?

◯ 9 + x · 75 ◯ 75 · x + 900 ◯ (900 + 75) · x ◯ 9 · x + 75 · x ◯ 900 · x + 75

c) Bei einem Handy werden im Monat 4,99 € Grundgebühr sowie 0,01 € pro Minute fällig. Welcher Term beschreibt die monatlichen Kosten in €, wenn n die Anzahl der vertelefonierten Minuten angibt?

◯ 5 · n ◯ (4,99 + 0,01) · n ◯ 4,99 + 0,01 · n ◯ 4,99 · n + 0,01 ◯ 4,99 – 0,01 · n

3 Aus farbigen Würfeln wird schrittweise eine Würfelmauer gebaut. Ab dem 2. Schritt kommt jeweils ein „L" aus 4 Würfeln hinzu. Bei jedem Würfel sind gegenüberliegende Würfelflächen in derselben Farbe angemalt. Die Würfelmauern stehen fest auf dem Tisch, sodass die Unterseite nicht sichtbar ist.

a) Trage in die Tabelle ein, wie viele gelbe, rote bzw. grüne Würfelflächen sichtbar sind.

Schritt	1	2	3	4	5	6
gelb	*1*	*3*				
rot	*2*					
grün						

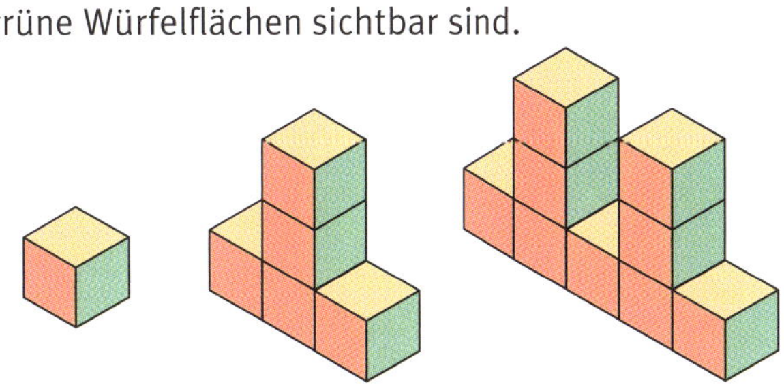

1 2 3

b) Gib pro Farbe einen Term an, der für einen x-beliebigen Schritt die Anzahl sichtbarer Würfelflächen angibt.

gelb: ____________ rot: ____________ grün: ____________

c) Berechne mithilfe deiner Terme aus b) die Anzahl der ...

1 roten Flächen bei Schritt 8: ____________

2 grünen Flächen bei Schritt 14: ____________

3 gelben Flächen bei Schritt 23: ____________

Äquivalente Terme

1 Überprüfe mithilfe der numerischen Wertetabelle, welche Terme in $\mathbb{G} = \{0; 1; 2; 4; 8\}$ äquivalent sind.

x	0	1			
$T_1(x) = 3 \cdot (x + 4)$	12				
$T_2(x) = 3 \cdot x + 4$					
$T_3(x) = 3 \cdot x + 12$					
$T_4(x) = 3 \cdot x + 4 \cdot x$					
$T_5(x) = 3 \cdot (x + 1\frac{1}{3})$					

Antwort: ______________________________

2 Ordne den Wertetabellen den richtigen Term zu.

a) $T(x) = 2x + 4$ $T(x) = x + 4$ $T(x) = 2x$ $T(x) = 2(x + 1)$

x	0	1	2	3
T (x)	0	2	4	6

x	0	1	2	3
T (x)	4	6	8	10

x	0	1	2	3
T (x)	4	5	6	7

x	0	1	2	3
T (x)	2	4	6	8

b) $T(x) = 3x + 5$ $T(x) = \frac{1}{2}(2x + 6)$ $T(x) = x + 0{,}5$ $T(x) = 2x^2$

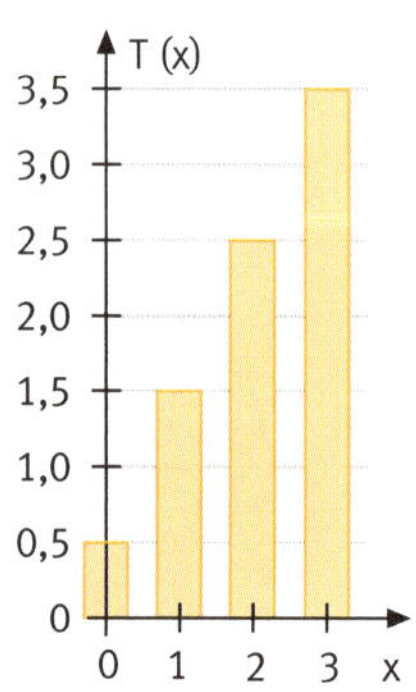

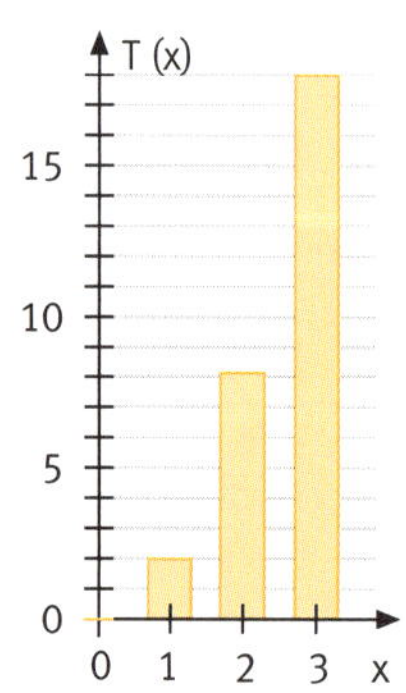

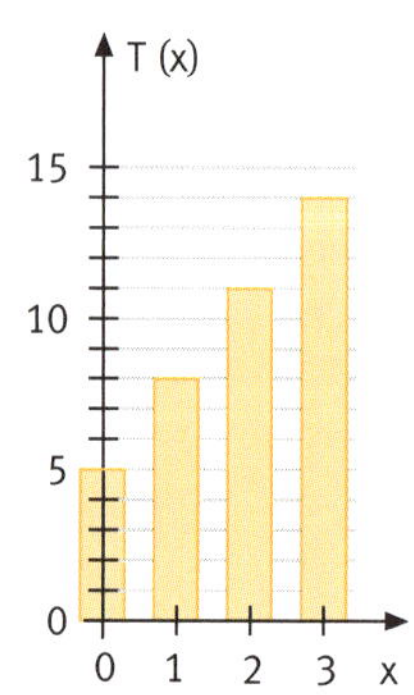

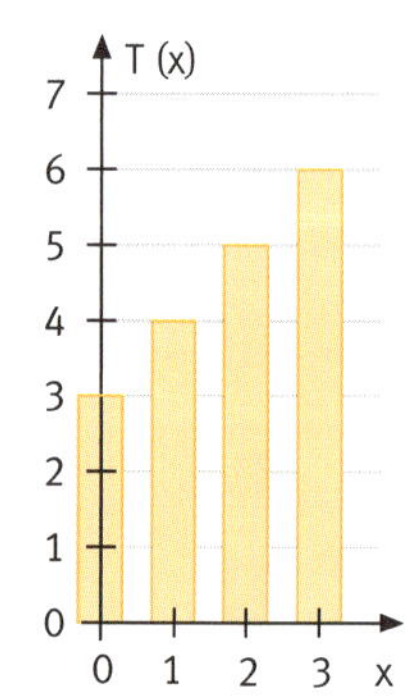

3 Welche Terme sind äquivalent zueinander in $\mathbb{G} = \{1; 2; 3; 4; 5\}$? Kreuze an.

a

a

$T_1(x) = a \cdot a$
$T_2(x) = 2 \cdot a$
$T_3(x) = 4 \cdot a$
$T_4(x) = a^2$
$T_5(x) = a + a + a + a$

ist äquivalent zu ...	T_1	T_2	T_3	T_4	T_5
T_1	X				
T_2		X			
T_3			X		
T_4				X	
T_5					X

b) Mit welchen Termen lässt sich der ...

1 Umfang eines Quadrats bestimmen? __________

2 Flächeninhalt eines Quadrats bestimmen? __________

1 Wirf alle Elemente der Grundmenge $\mathbb{G}$ in die Sortiermaschine und entscheide, in welchem Behälter sie landen. Gib dann die Lösungsmenge der Gleichung an.

a) $\mathbb{G} = \{1,5; 2; 3; 4,5; 6; 7,5\}$ b) $\mathbb{G} = \{0; 1; 2; 3; 4; 5; 6; 7\}$ c) $\mathbb{G} = \{0; 2; 4; 6; 8; 10\}$

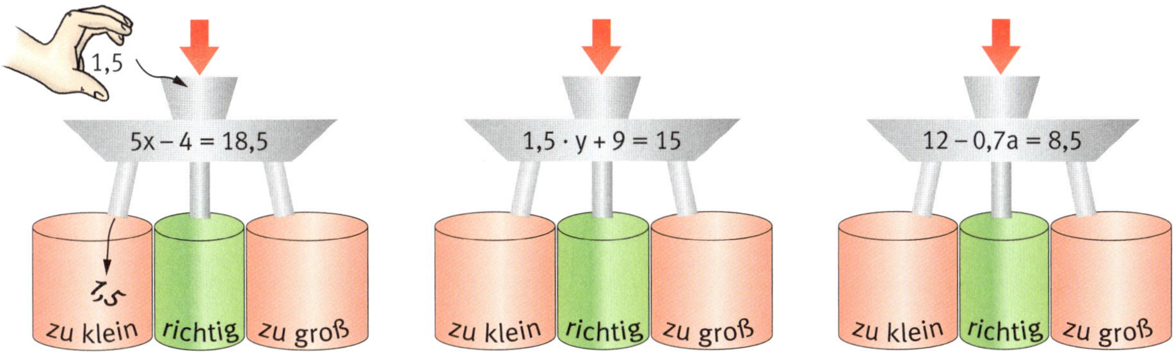

$\mathbb{L}$ = ________ $\mathbb{L}$ = ________ $\mathbb{L}$ = ________

2 Bestimme jeweils die Lösungsmenge.

a) $x \cdot 2,5 + 9 = 16,5$ $\mathbb{G} = \mathbb{N}_0$

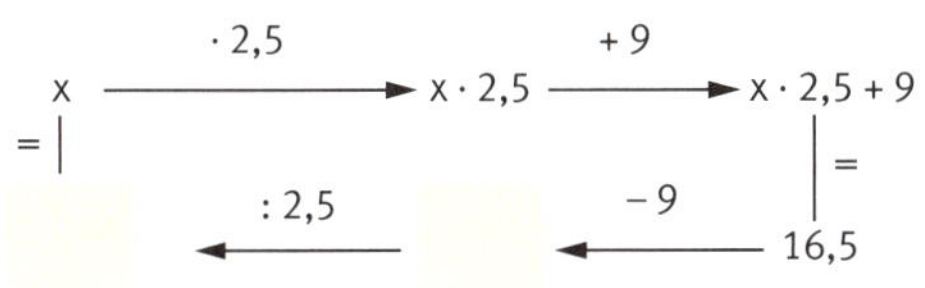

$\mathbb{L}$ = ________

b) $x : 0,4 - 5 = 12,5$ $\mathbb{G} = \mathbb{Q}^+$

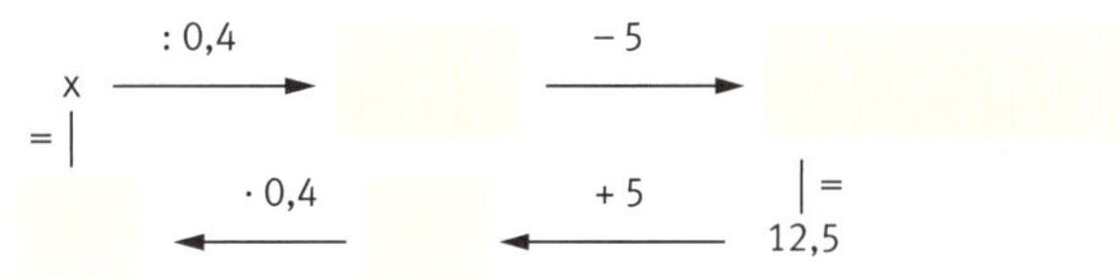

$\mathbb{L}$ = ________

c) $x \cdot \frac{2}{5} - \frac{6}{5} = 2,4$ $\mathbb{G} = \mathbb{Q}^+$

$\mathbb{L}$ = ________

3 Bestimme zuerst den passenden Wert für x und gib dann für die unterschiedlichen Grundmengen jeweils die Lösungsmenge an.

Gleichung	x	$\mathbb{G} = \mathbb{N}_0$	$\mathbb{G} = \mathbb{Q}^+$	$\mathbb{G} = \mathbb{Q}_0^+$	$\mathbb{G} = \mathbb{V}_5$	$\mathbb{G} = \mathbb{T}_{24}$
$x - 4 = 11$	$x = 15$	$\mathbb{L} = \{15\}$				$\mathbb{L} = \emptyset$
$2x + 3 = 9$						
$5x - 3x = 0$						

4 Gib zunächst die Grundmenge an. Stelle dann die Gleichung auf und finde die Lösungsmenge.
Wenn man zum Doppelten einer natürlichen Zahl 5 addiert, so erhält man 23.

$\mathbb{G}$ = ________ Gleichung: ______________________________ $\mathbb{L}$ = ________

1 Löse die Gleichungen durch Äquivalenzumformungen.

a) $x + 3 = 17$ $\quad \mathbb{G} = \mathbb{N}_0$ (− 3 | − 3)

$\mathbb{L} =$

b) $y - 9 = 13$ $\quad \mathbb{G} = \mathbb{Q}_0^+$

c) $a + 4{,}7 = 9{,}2$ $\quad \mathbb{G} = \mathbb{Q}^+$

d) $9 \cdot m = 54$ $\quad \mathbb{G} = \mathbb{V}_{12}$

e) $\frac{1}{7} \cdot x = 2$ $\quad \mathbb{G} = \mathbb{N}_0$

f) $0{,}2 \cdot x = 0$ $\quad \mathbb{G} = \mathbb{Q}^+$

g) $x : 0{,}03 = 120$ $\quad \mathbb{G} = \mathbb{Q}^+$

h) $x : \frac{2}{7} = 0$ $\quad \mathbb{G} = \mathbb{Q}_0^+$

i) $x : 1{,}8 = 0{,}2$ $\quad \mathbb{G} = \mathbb{N}$

2 Tim versteckt in mehreren Stoffsäckchen Glassteine und achtet genau darauf, dass alle Säckchen gleich viele Steine enthalten. Er legt nun Säckchen und einzelne Steine auf ein blaues und ein grünes Blatt Papier und behauptet, dass sich auf jedem der beiden Blätter gleich viele Steine befinden. Finde durch geschicktes Umlegen heraus, wie viele Steine in jedem Säckchen versteckt sind.

Zeichnerische Lösung

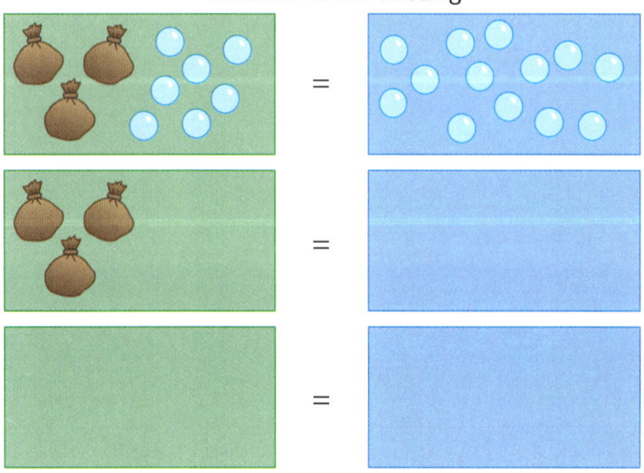

Zugehörige Gleichungen

____

$\mathbb{G} =$ ______________

$3x =$ ______________

____

$\mathbb{L} =$ ______________

3 Löse durch Äquivalenzumformungen und gib zu jeder Grundmenge die passende Lösungsmenge an.

a) $5x + 3{,}7 = 16{,}2$

$\mathbb{G}_1 = \mathbb{Q}_0^+$ $\quad \mathbb{L}_1 =$ ______________

$\mathbb{G}_2 = \mathbb{N}_0$ $\quad \mathbb{L}_2 =$ ______________

b) $0{,}5 \cdot (x - 3) = 2^4$

$\mathbb{G}_1 = \mathbb{Q}_0^+$ $\quad \mathbb{L}_1 =$ ______________

$\mathbb{G}_2 = \mathbb{N}_0$ $\quad \mathbb{L}_2 =$ ______________

$\mathbb{G}_3 = \mathbb{T}_7$ $\quad \mathbb{L}_3 =$ ______________

1 Gib für jede Ungleichung die Lösungsmengen über den verschiedenen Grundmengen an.

	$\mathbb{G} = \mathbb{Q}_0^+$	$\mathbb{G} = \mathbb{N}$	$\mathbb{G} = \mathbb{Q}^+$	$\mathbb{G} = \{1; 3; 4; 6; 9; 12\}$	$\mathbb{G} = \mathbb{V}_3$
$x \leqq 4{,}75$			$\mathbb{L}$ =]0; 4,75]		
$x > 6{,}3$					

2 Stelle die folgenden Intervalle in den entsprechenden Farben an der Zahlenhalbgerade dar ($\mathbb{G} = \mathbb{Q}_0^+$).

a) 1]6,2; 9] 2]10,2; 13[3 [0,5; 4]

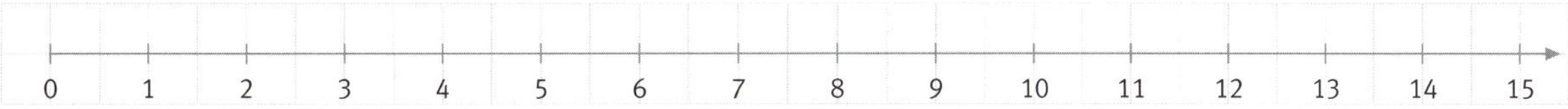

b) 1 $\{x \mid x > 5{,}2\}$ 2 $\{x \mid x \leqq 2{,}6\}$ 3 [2,8; 4,2]

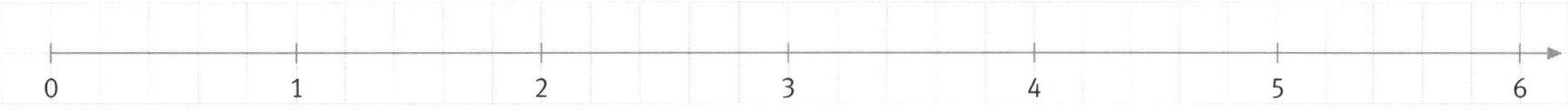

3 In der Klasse 6b werden bei allen Schülern verschiedene Körpermaße (Körpergröße, Armlänge, Halsumfang, Nasenlänge) gemessen. Jeweils der kleinste und der größte Wert werden in einer Tabelle notiert. Dann werden Intervalle bestimmt, die die Maße aller Schüler beinhalten. Leider sind einige Werte unleserlich geworden. Ergänze zunächst die Tabelle und ordne dann die Maße den Körperteilen zu.

	kleinster Wert	größter Wert	Intervall
Körpergröße	1,48 m	1,72 m	
	mm	51 mm	[29 mm;
	38,5 cm	cm	; 52 cm]
	mm	mm	[325 mm; 410 mm]

4 Löse die Ungleichungen mithilfe von Äquivalenzumformungen.

a) $x - 4{,}9 \leqq 9{,}36$ $\mathbb{G} = \mathbb{Q}_0^+$

$x \leqq$

$\mathbb{L} =$

b) $2{,}9 \cdot y > 8{,}7$ $\mathbb{G} = \mathbb{Q}_0^+$

c) $x^2 \geqq 121$ $\mathbb{G} = \mathbb{Q}^+$

d) $12 + 3a < 2^4 - 13^0$ $\mathbb{G} = \mathbb{N}$

e) $\frac{2}{3}x + 2 < \frac{25}{6}$ $\mathbb{G} = \mathbb{Q}_0^+$

1

Uhrzeit	0.00	1.00	2.00	3.00	4.00	5.00	6.00	7.00	8.00	9.00	10.00	11.00	12.00
Temperatur in °C	10		7	7		4			9	10	12	13	16

An einer Wetterstation werden zu jeder vollen Stunde die Temperaturen gemessen und notiert. Die Temperaturpunkte werden in ein Gitternetz eingetragen und zu einer Kurve ergänzt.

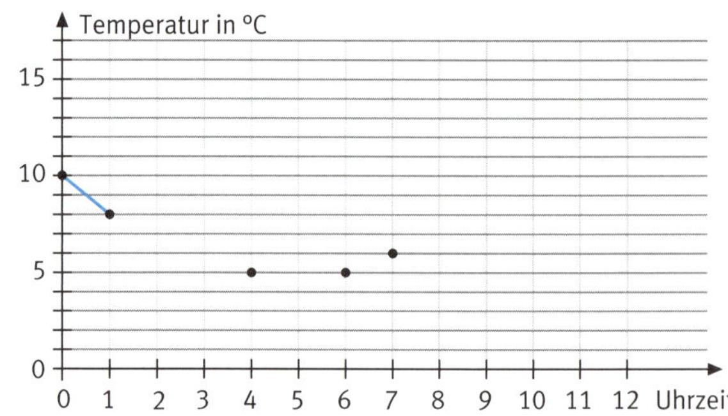

a) Ergänze in der Tabelle die fehlenden Temperaturen mithilfe der grafischen Darstellung.

b) Trage die fehlenden Temperaturpunkte in das Gitternetz ein und zeichne dann die Temperaturkurve.

c) Neben den Temperaturen werden in der Wetterstation auch Niederschlagsmengen gemessen und dokumentiert.
Die Messwerte wurden teils in einem Säulendiagramm und teils als geordnete Wertepaare festgehalten. Vervollständige beides.

(Jan | $40 \frac{l}{m^2}$) (Feb | ______)

(März | $35 \frac{l}{m^2}$) (April | ______)

(Mai | $30 \frac{l}{m^2}$) (Juni | ______) (Juli | $42 \frac{l}{m^2}$)

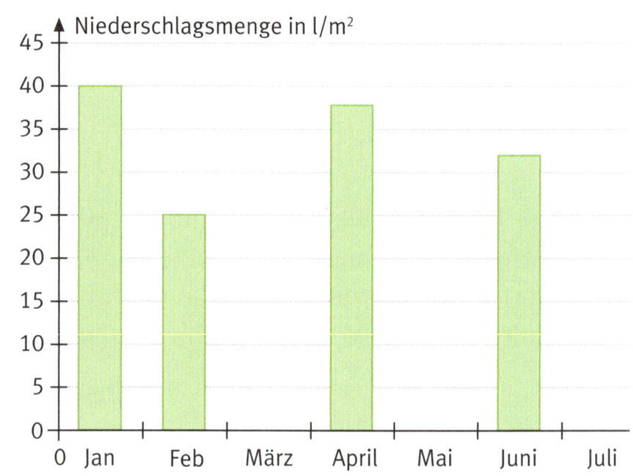

2 Tobi trainiert regelmäßig mit dem Fahrrad. Den Trainingsverlauf notiert er in einer Tabelle.

Tag	Größenpaare
1	(2 km | 5 min); (6 km | 15 min); (10 km | 25 min); (16 km | 40 min); (20 km | 50 min); (24 km | 1 h)
2	(10 min | 4,5 km); (20 min | 8 km); (30 min | 11,2 km); (40 min | 14 km); (1 h 20 min | 25 km)
3	(8 km | 16 min); (11 km | 23 min); (15 km | 31 min); (19 km | 40 min); (35 km | 76 min)
4	(20 min | 7 km); (40 min | 15 km); (60 min | 25 km); (80 min | 36 km); (1 h 40 min | 52 km)

a) Entscheide, welche Aussage zu welchem Trainingstag passt. Tobi ...

A wird unterwegs immer schneller: ______ B wird unterwegs immer langsamer: ______

C fährt mit konstanter Geschwindigkeit: ______ D fährt völlig ungleichmäßig: ______

b) Zeichne den Graphen zu Trainingstag 4.

1 Prüfe rechnerisch, welche Zahlenpaare zu derselben direkten Proportionalität gehören. Markiere die Lösungsbuchstaben der zusammengehörigen Zahlenpaare mit derselben Farbe. Gleichfarbige Buchstaben ergeben ein Lösungswort. Aus den drei Lösungsworten kannst du einen Lösungssatz bilden.

y	15	3,6	12	90	6	7	1,2	54	30	0,12	12	192	35
x	10	1,8	8	60	8	3,5	3	36	50	0,8	20	96	70
$k = \frac{y}{x}$	$\frac{3}{2}$												
Buchstabe	K	I	A	N	P	C	L	N	E	F	S	H	R

Lösungssatz: ___ ___ ___   ___ ___ ___ ___   ___ ___!   Hurra!!!

2 Entscheide, ob eine direkte Proportionalität vorliegt.

a) *Anzahl der Schulbücher* $\longmapsto$ *Höhe des Bücherstapels* ◯ ja ◯ nein

b) *Anzahl der Kartoffeln* $\longmapsto$ *Preis* ◯ ja ◯ nein

c) *Formel 1: Anzahl der Runden* $\longmapsto$ *gefahrene Strecke* ◯ ja ◯ nein

3 a) Ergänze die Tabellen.

1	Seitenlänge eines Quadrats in cm	3		1			2,2	
	Umfang des Quadrats in cm		16	*4*	10	6,8		20,6

2	Seitenlänge eines Quadrats in cm	3	1		2,5		9	
	Flächeninhalt des Quadrats in cm²	*9*		16		25		0,25

b) Die Zuordnungen aus a) sind hier grafisch dargestellt. Ordne die Graphen durch sinnvolle Achsenbeschriftung den Tabellen 1 bzw. 2 zu. Welcher Graph stellt eine direkte Proportionalität dar?

Direkt proportional?

1 ◯ ja ◯ nein

2 ◯ ja ◯ nein

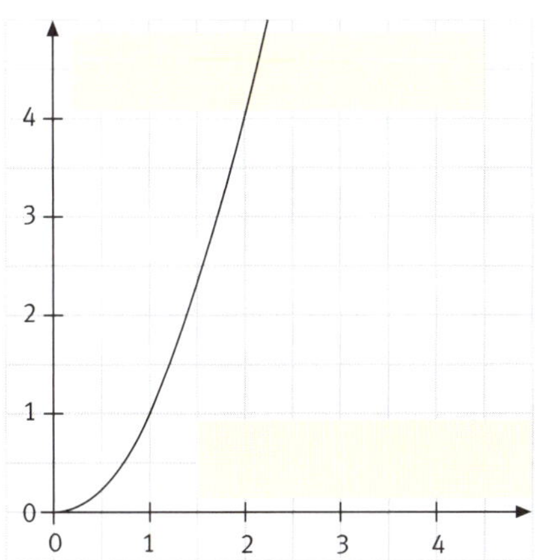

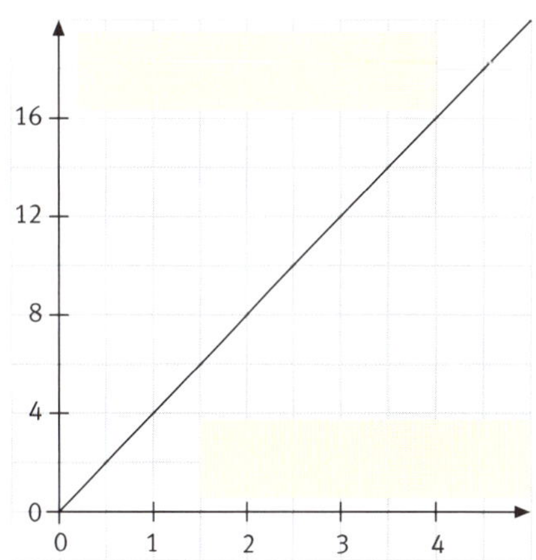

4 Berechne die fehlenden Größen der direkt proportionalen Zuordnungen.

a)

Anzahl der Semmeln	6	*1*	13
Mehlmenge in g	270		

b)

Anzahl der Lollis	14		27
Preis in €	2,80		

1 Der „Regenwurm“ Max kriecht aus seinem Erdloch. Die einzelnen Glieder sind jeweils gleich lang. Gib die gesuchten Anteile jeweils als Bruch, als Dezimalzahl und in Prozent an.

		Bruch	Dezimalzahl	Prozent
a)	Welcher Anteil schaut aus der Erde?		0,4	
b)	Welcher Anteil ist rot?			
c)	Welcher Anteil ist gelb?	$\frac{3}{10}$		
d)	Welcher Anteil ist nicht weiß?			
e)	Der 15 cm lange Max wächst um 6 cm. Wie groß ist der Zuwachs?			

2 Welche Anteile sind dargestellt? Gib deine Antwort als Bruch, als Dezimalzahl und in Prozent an.

a)

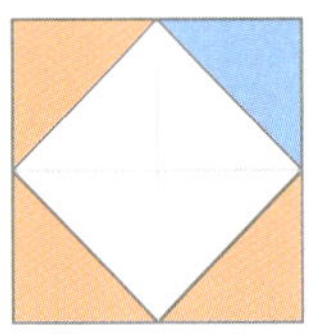

b)

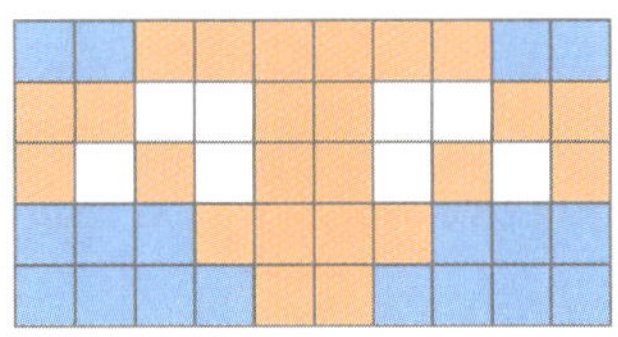

c)

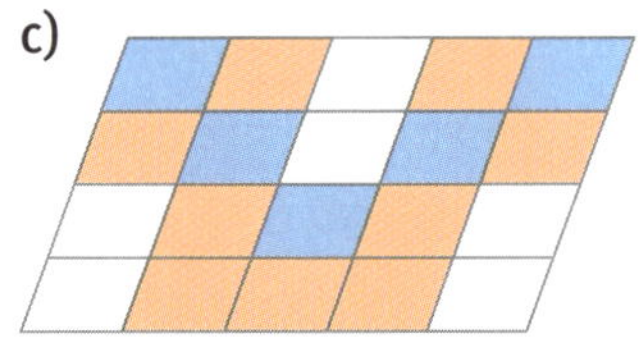

Orange	$\frac{3}{8} = 0{,}375 = 37{,}5\ \%$		
Blau			
Weiß			

3 Tobi, Lisa und Marion gehen auf dem Jahrmarkt an die Losbude. Tobi zieht 12 Lose und hat 3 Gewinne. Lisa hat von 20 Losen 14 Nieten gezogen. Marion kauft 8 Lose und gewinnt immerhin zweimal. Wer hat die höchste Gewinnquote?

4 Vervollständige die Tabelle.

	a)	b)	c)	d)	e)	f)	g)
Bruch	$\frac{4}{5}$	$\frac{22}{100} = \frac{11}{50}$		$\frac{27}{50}$			
Dezimalzahl			0,37		1,2		
Prozent		22 %				213 %	0,7 %

1 Alle Schüler der 6. Klassen wurden zu ihren Ess- und Trinkvorlieben in der Pause befragt. Die Kreisdiagramme zeigen das Ergebnis der Befragung. Bestimme die Winkelmaße und die zugehörigen Prozentsätze. Runde auf volle Prozent.

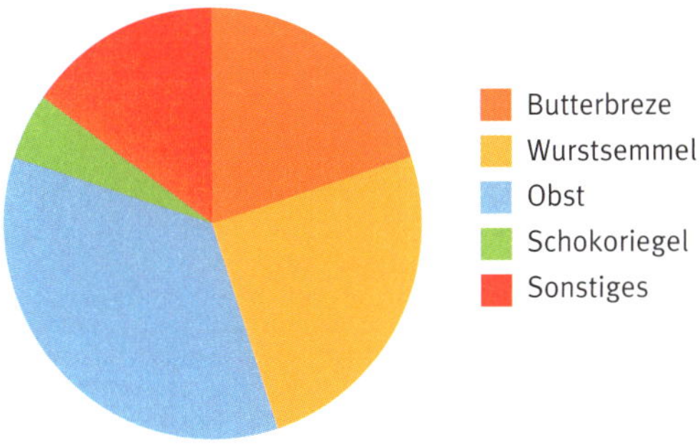

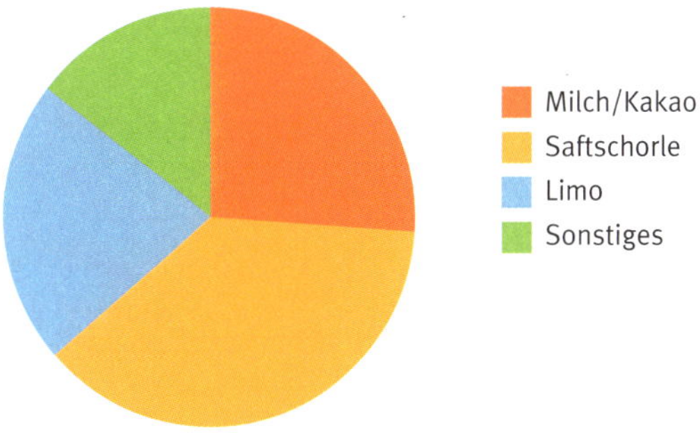

Butterbreze: ____________________

Wurstsemmel: ____________________

Obst: ____________________

Schokoriegel: ____________________

Sonstiges: ____________________

Milch/Kakao: 94° ≙ 26 %

Saftschorle: ____________________

Limo: ____________________

Sonstiges: ____________________

2 Markus schreibt ein Jahr lang genau auf, wie viel er von seinem Taschengeld für welche Zwecke ausgibt. Was übrig bleibt, landet auf dem Sparbuch. Ergänze die Auflistung und zeichne ein Kreisdiagramm.

Süßigkeiten:	14 %	≙	50,4° ≈ 50°
Spielzeug:	20 %	≙	______
Kino:	8 %	≙	______
CDs:	30 %	≙	______
Comics:	12 %	≙	______
Sparbuch:	______	≙	______

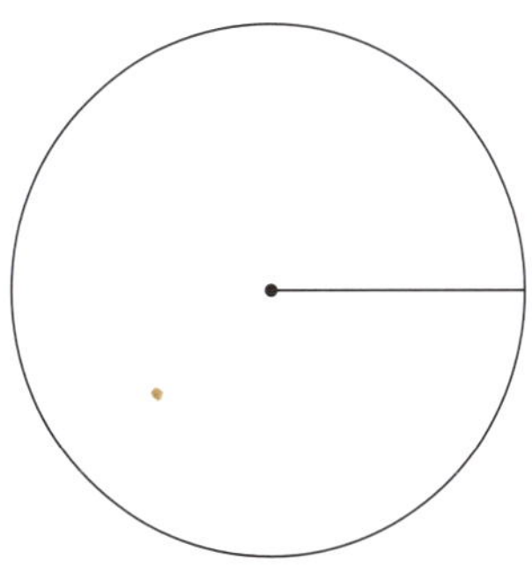

3 Stelle folgende Prozentsätze in unterschiedlichen Farben in einem Streifendiagramm dar.

a) Bei der Wahl zum Schülersprecher erhielt Marc 42 % der Stimmen, Marina 33 %, Aysel 18 % und Stefan 7 %.

b) Bei einer Umfrage zum Wahlfach Sport stimmten 17 % der Schüler für Leichtathletik, 35 % für Fußball, 22 % für Handball, 12 % für Tischtennis und der Rest für Sonstiges.

1 Ordne die Angaben aus dem Text den Begriffen Grundwert (GW), Prozentwert (PW) und Prozentsatz (p) zu. Stelle dann den Sachverhalt grafisch dar, indem du im vorgegebenen Streifen (100 %) den Prozentsatz farbig markierst.

a) Von den 30 Schülern der Klasse 6c mögen 24 den Sportunterricht. Das sind 80 %.

GW = 30 PW = ________

p = ________

b) 140 Schüler gehen in die 6. Klasse. Davon haben 40 %, also 56 Schüler, ein Haustier.

GW = ________ PW = ________

p = ________

c) Edanur hat beim Würfeln zwölfmal eine 6 gewürfelt. Das waren bei ihren 60 Würfen 20 %.

GW = ________ PW = ________

p = ________

2 Entscheide aus dem Text, welche Größe (GW, PW oder p) gesucht ist. Kreise den zugehörigen Buchstaben ein. Alle eingekreisten Buchstaben ergeben von oben nach unten gelesen ein Lösungswort.

		GW	PW	p
a)	Ein 120 g schwerer Apfel enthält 6,8 g Fruchtzucker.	Ö	N	A
b)	Der Preis eines Zirkels wurde von 15,50 € auf 12,40 € herabgesetzt.	L	Ä	U
c)	Monikas Vater erhält beim Autokauf einen Rabatt von 19 % und spart somit 4370 €.	F	H	S
d)	Von den 16 Mädchen einer Klasse sind 18,75 % Vegetarierinnen.	A	G	F
e)	Nicos erwachsener Labrador Ben wiegt 30 kg. Bei seiner Geburt wog er nur 1,2 % davon.	R	A	L
f)	In Evas Matheheft sind nur noch 3 Seiten unbeschrieben. Es sind also noch 12,5 % frei.	B	R	U
g)	Nico ist im letzten Jahr um 9 cm, also um 6,5 % gewachsen.	E	N	G

3 Lisa geht auf Schnäppchenjagd. Dabei findet sie in Geschäften die abgebildeten Preisplakate. Welche Größen der Prozentrechnung (GW, PW, p) sind darauf angegeben?

a)

________ und ________

b)

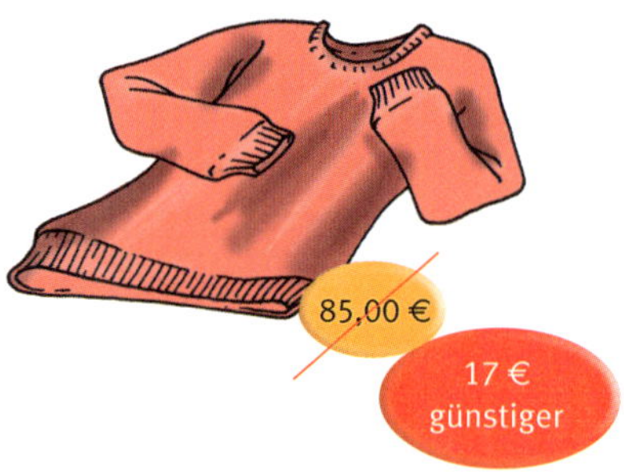

________ und ________

c)

________ und ________

1 Berechne die fehlenden Werte (Prozentwert bei a), Grundwert bei b)) möglichst im Kopf.

a)

	von 300 kg	8000 m	von 700
	sind ...		
20 %	60 kg		
7 %			
85 %			
0,2 %			

b)

	von ...		
30 %		300 g	
5 %			
20 %			
15 %			
	sind 240 min.	sind 90 g.	sind 15 t.

2 Berechne jeweils den Prozentsatz – wenn möglich – im Kopf.

a) 3 von 15 Musikern: p = ______ **b)** 9 von 20 Stiften: p = ______ **c)** 17 h von 68 h: p = ______

d) 32 von 400 Autos: p = ______ **e)** 1 m von 20 m: p = ______ **f)** 24 € von 60 €: p = ______

g) 12,5 cm von 25 cm: p = ______ **h)** 90° von 360°: p = ______ **i)** 30 s von 150 s: p = ______

3 Alle „Minimauern“ sind gleich aufgebaut: 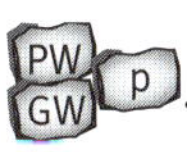

. Vervollständige die Mauern.

a)
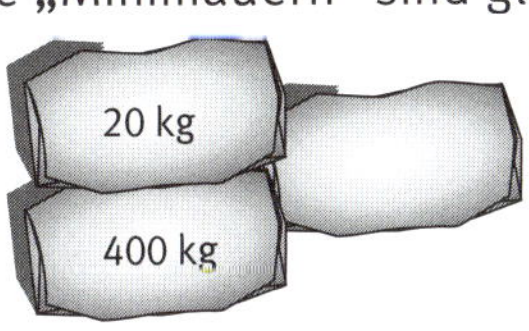

b)
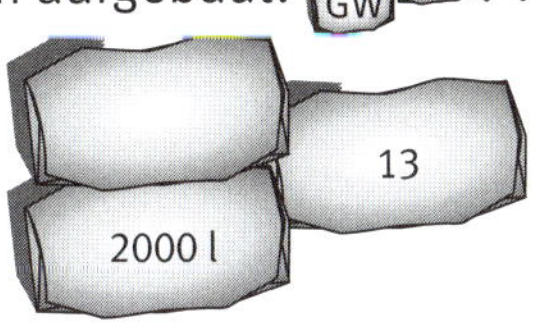

c)
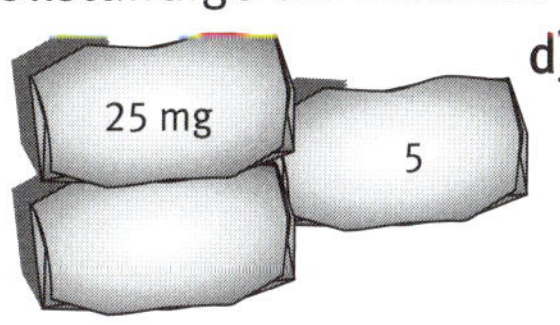

d)
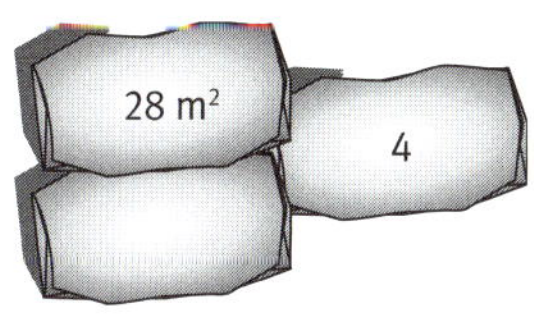

e)
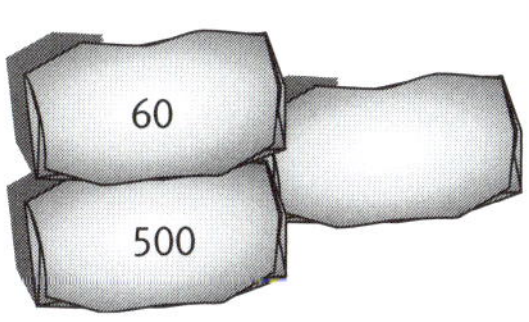

f)
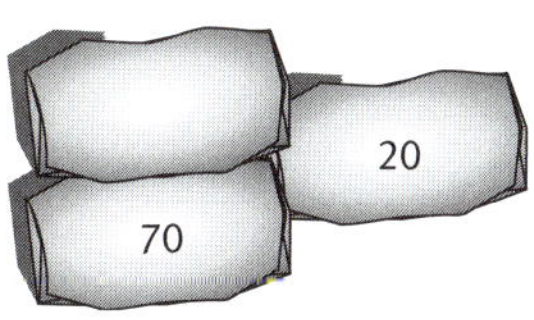

g)
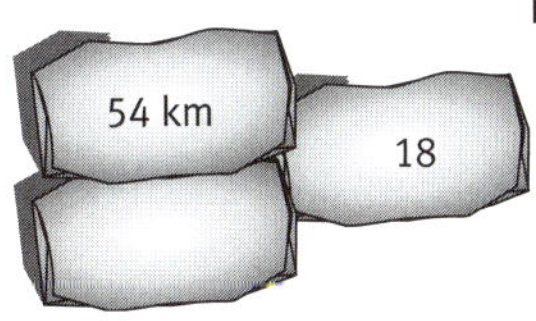

h)
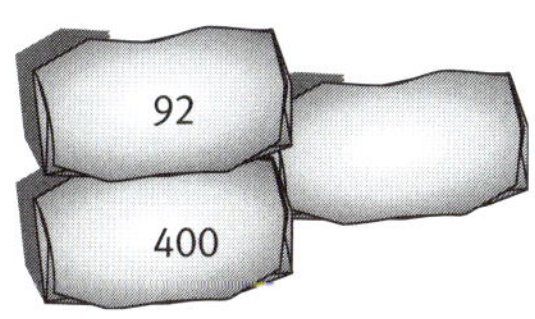

4 Berechne die fehlenden Werte (GW, PW, p) mithilfe eines Dreisatzes.

a)

Prozent	Betrag
100 %	900 €
1 %	
87 %	

: 100 (links) : 100 (rechts)

b)

Prozent	Zeitdauer
100 %	20 h
	3 h

1 Die Schüler der SMV wollen am Elternabend Wurstsemmeln und auch Wiener Würstchen verkaufen.

a) Da der Erlös den Schülern zugute kommt, gibt der Metzger 22 % Rabatt. Durch einen Fettfleck ist die Rechnung teils unleserlich geworden. Vervollständige sie.

b) Im Supermarkt entdecken die Schüler ein Angebot. Ein Eimer Senf kostet anstatt 4,50 € nur noch 3,33 €. Berechne die Preissenkung zunächst in Euro und anschließend in Prozent.

GW = ________ PW = ________ p = ________

c) Auch der Bäcker hat einen guten Tag und zieht vom ursprünglichen Preis 17 % ab, sodass die Rechnung nur noch 53,12 € beträgt. Wie viel haben die Schüler hier eingespart?

GW = ________ PW = ________ p = ________

2 Im Jahr 2000 betrug der durchschnittliche Preis für 1 Liter Benzin in Deutschland 1,40 DM, das entspricht 0,72 €. Für das Jahr 2010 wurde ein Durchschnittspreis von 1,42 € errechnet. Um wie viel Prozent ist der Benzinpreis in den 10 Jahren angestiegen? Runde.

3 Raphael kommt um 7.45 Uhr mit dem Bus in der Schule an. Da er noch in die Hausaufgabenbetreuung geht, verbringt er in der Schule 30 % des ganzen Montags. Wann fährt er also wieder nach Hause?

1 Überprüfe mit dem Geodreieck, welche Punkte durch eine Achsenspiegelung an g aufeinander abgebildet wurden.

a)

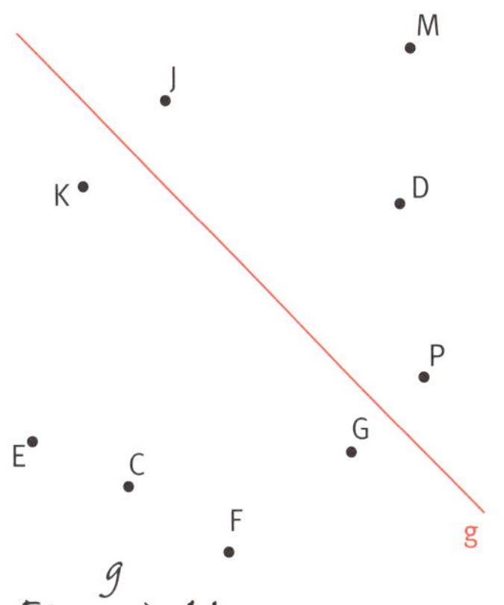

$E \overset{g}{\longmapsto} M$; ______________________

____

b)

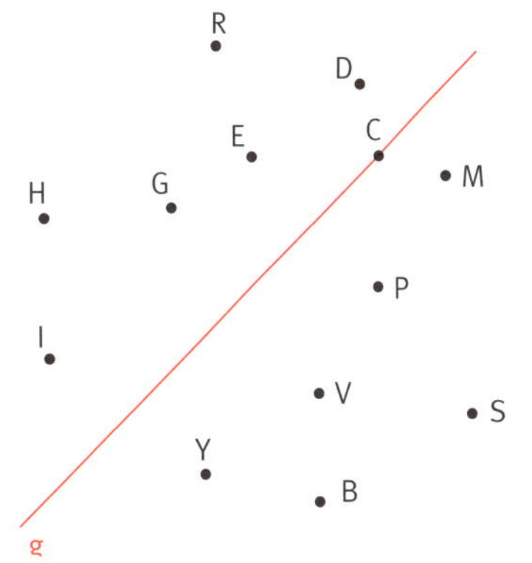

____

____

2 Ermittle die Spiegelachse zu einem Punktepaar aus Ur- und Bildpunkt. Überprüfe, ob diese Achse auch Spiegelachse des anderen Punktepaares ist.

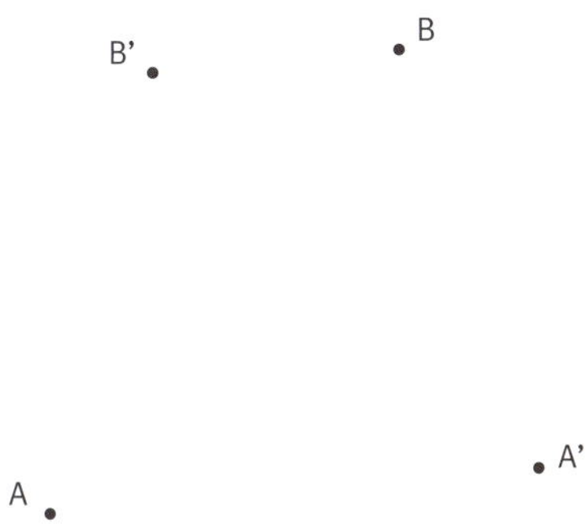

____

3 Zeichne in dieses Kachelmuster aus dem Ägyptischen Museum in Berlin alle Spiegelachsen ein.

5 Gegeben sind der Punkt P (4 | 1) und eine Gerade AB mit A (2 | 1) und B (3 | 3).

a) Zeichne den Punkt P' so ein, dass gilt: $P \overset{AB}{\longmapsto} P'$.

b) Spiegle die Punkte Q (3 | 0,5), R (4 | 5) und S (6 | 4) an AB. Wie lauten ihre Koordinaten?

Q' (____ | ____) R' (____ | ____) S' (____ | ____)

c) Trage einen Punkt A_1 auf der y-Achse so ein, dass gilt: $P \overset{A_1B}{\longmapsto} R$. Zeichne die Gerade A_1B ein. Gib die Koordinaten von A_1 an.

A_1 (____ | ____)

d) Spiegle Q, R und S an A_1B. Benenne ihre Bildpunkte mit Q_1, R_1 und S_1. Gib ihre Koordinaten an.

Q_1 (____ | ____) R_1 (____ | ____) S_1 (____ | ____)

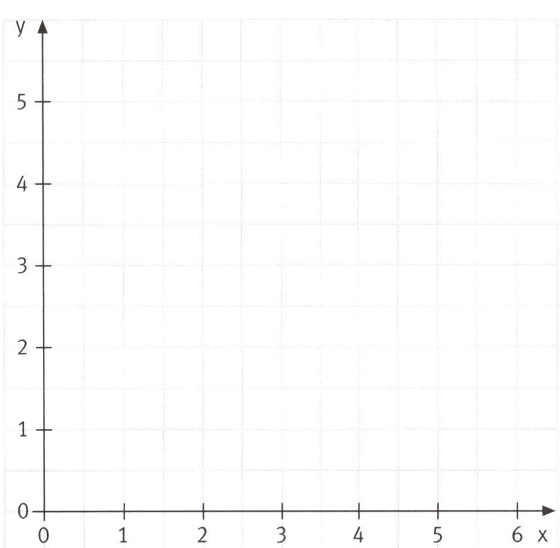

Eigenschaften der Achsenspiegelung

1 Spiegle die Figuren an der jeweiligen Achse. Wie viele Punkte musst du dazu mindestens mit dem Geodreieck abbilden?

a)

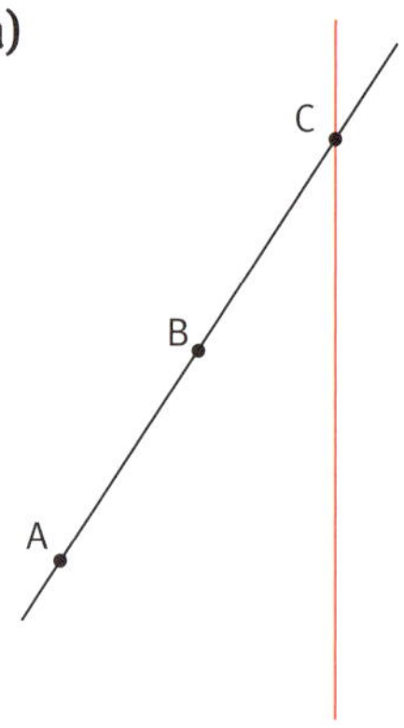

mindestens ________ Punkt(e)

b)

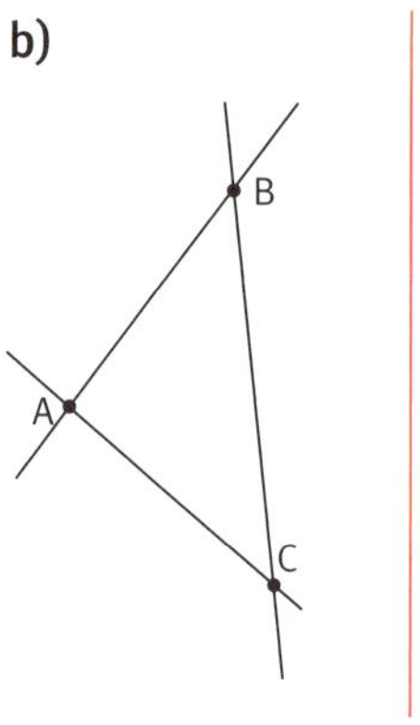

mindestens ________ Punkt(e)

c)

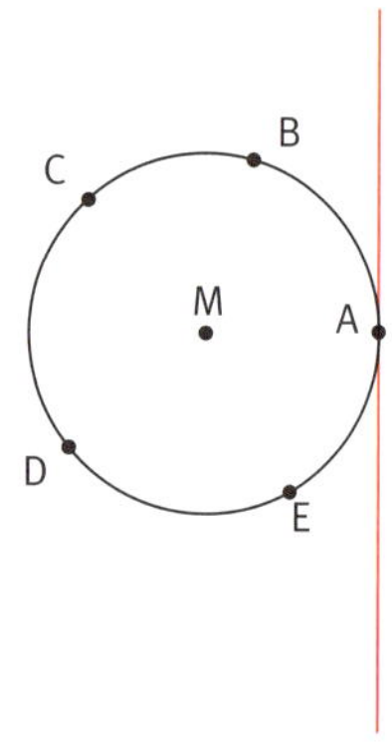

mindestens ________ Punkt(e)

2 Gegeben sind ein Parallelogramm ABCD und die Gerade XY.

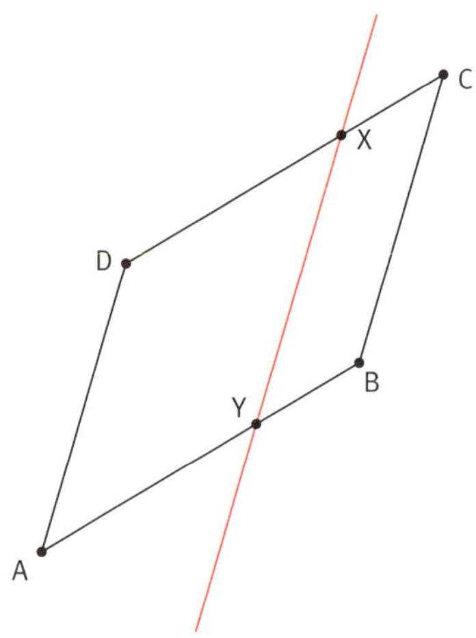

a) Spiegle das Parallelogramm an XY.

b) Miss die Längen der Ur- und Bildstrecken sowie die Maße der Ur- und Bildwinkel. Was stellst du fest?

____

____

c) Welche der eingezeichneten Punkte sind Fixpunkte?

____

3 Gegeben sind die beiden Punkte A und M, weiterhin die zur y-Achse parallele Gerade g durch B (3|0) und die zur x-Achse parallele Gerade h durch C (0|3).

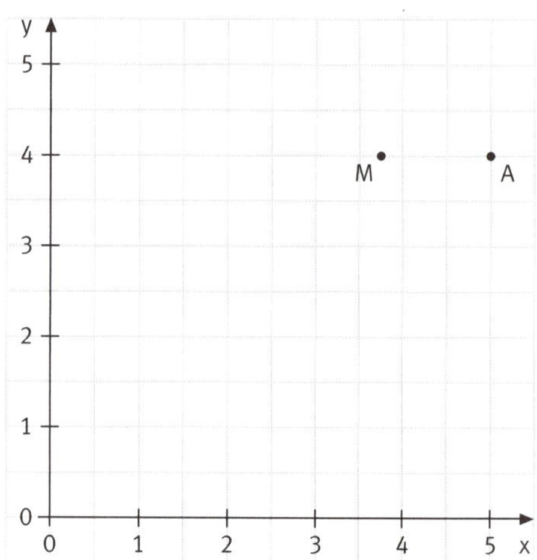

a) Zeichne k (M; r) mit A ∈ k sowie die beiden Geraden g und h.

b) Führe folgende Abbildungen durch:

$k\ (M; r) \xmapsto{g} k'\ (M'; r') \xmapsto{h} k''\ (M''; r'')$

c) Bestimme die Koordinaten der Mittelpunkte M' und M''.

M' (_____|_____) M'' (_____|_____)

d) F ist Fixpunkt beider Abbildungen. Gib seine Koordinaten an.

F (_____|_____)

e) Zeichne eine Spiegelachse s ein, sodass gilt: $k \xmapsto{s} k''$.

4 Wahr (w) oder falsch (f)? Bei einer Achsenspiegelung gilt:

	w	f
a) $\overline{AB} = \overline{A'B'}$	○	○
b) Ein Punkt auf der Spiegelachse wird auf sich selbst abgebildet.	○	○
c) Winkelmaße bleiben bei der Achsenspiegelung erhalten.	○	○
d) Liegt der Mittelpunkt eines Kreises nicht auf der Spiegelachse, wird der Kreis auf sich selbst abgebildet.	○	○
e) Ur-und Bildfigur sind kongruent.	○	○

1 Auf welcher gedachten Linie liegen jeweils der Elfmeterpunkt, der Sekundenzeiger bzw. das Ausrufezeichen – Mittelsenkrechte oder Winkelhalbierende?

a) 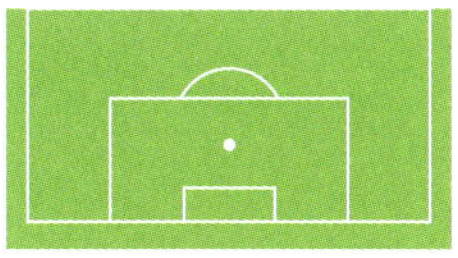

b) 

c) 

_______________ _______________ _______________

_______________ _______________ _______________

_______________ _______________ _______________

2 Fallen bei den Figuren jeweils Winkelhalbierende des markierten Winkels und die Mittelsenkrechte der gegenüberliegenden Seite zusammen? Überprüfe jeweils durch Zeichnen.

a) 

ja ◯ nein ◯

b) 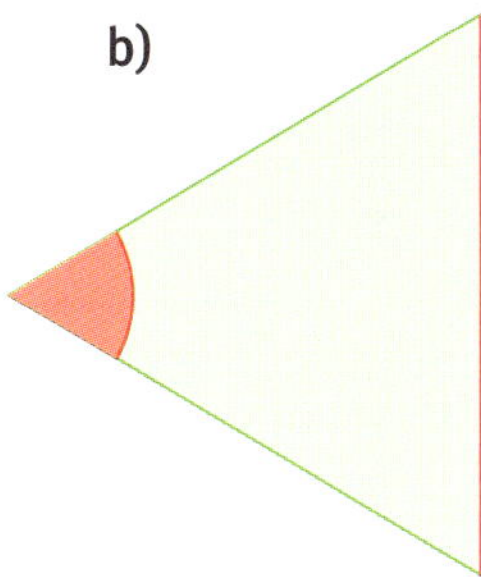

ja ◯ nein ◯

c) 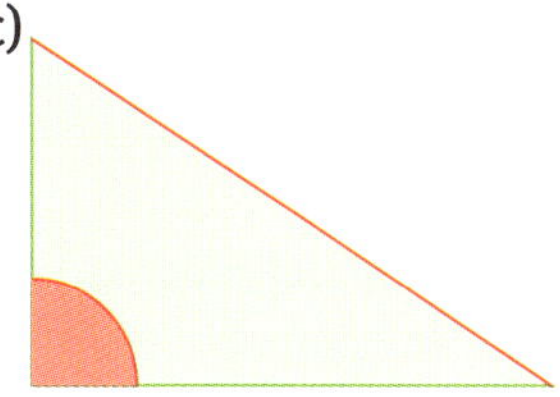

ja ◯ nein ◯

d) 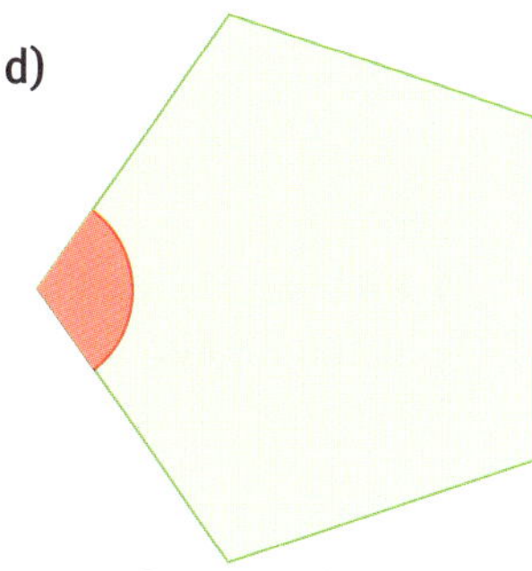

ja ◯ nein ◯

3 Teile den schraffierten Winkel in acht gleich große Winkel. Beginne damit, dass du ihn zunächst halbierst. Markiere in Blau $\frac{1}{8}$, in Rot $\frac{3}{8}$ und in Grün $\frac{4}{8}$ des schraffierten Winkels.
Bestimme die jeweiligen Gradzahlen.

Blau: ________ Rot: ________ Grün: ________

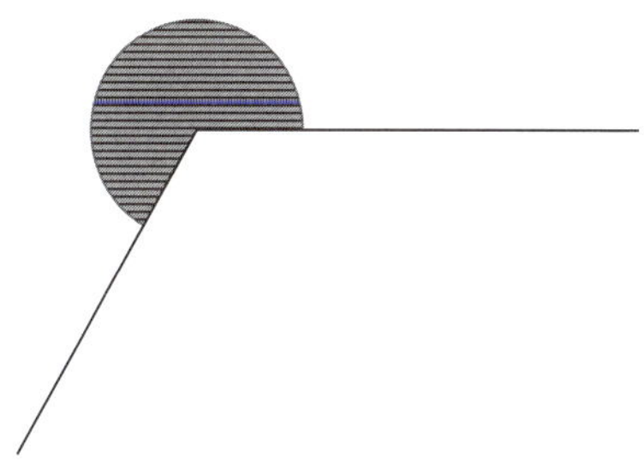

4 Konstruiere die Winkelhalbierenden der Winkel CBA und ACB. Bestimme ihren Schnittpunkt S und gib seine Koordinaten an.

S (____|____)

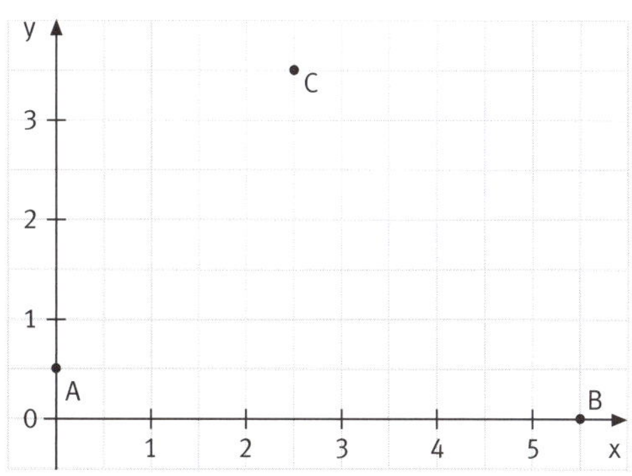

Mittelsenkrechte und Winkelhalbierende

1 a) Welche Punkte auf dem Kreis k (M; r = $\overline{MS}$) sind von A und B gleich weit entfernt? Konstruiere die Punkte mit Zirkel und Lineal oder Geodreieck und gib deren Koordinaten an.

P_1 (____|____) P_2 (____|____)

b) Finde den Punkt, der von A, B und M gleich weit entfernt ist, trage ihn in der Zeichnung ein und gib seine Koordinaten an.

P_3 (____|____)

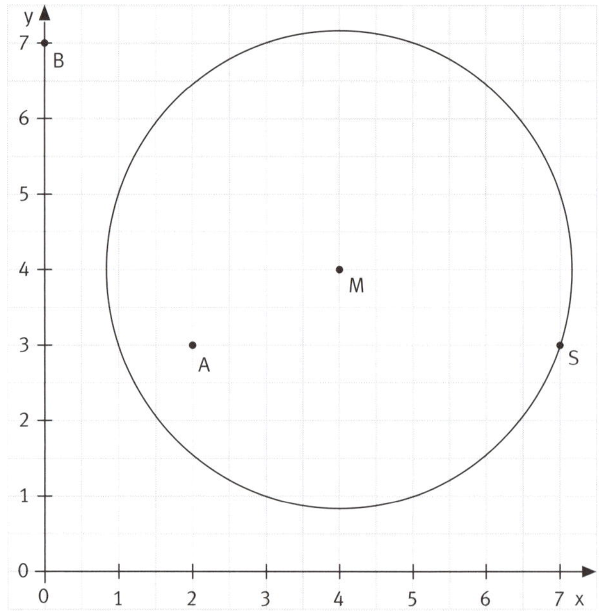

2 Gegeben ist ein Dreieck ABC mit A (0|0), B (6|1,5) und C (4,5|5,5).

a) Konstruiere mit Zirkel und Lineal die Winkelhalbierenden w_α und w_β und bestimme die Koordinaten ihres Schnittpunktes.

S (____|____)

b) Stelle Vermutungen an, wie die Winkelhalbierende w_γ verläuft.

Ich vermute, dass ____________________

____

c) Überprüfe deine Vermutung aus b), indem du die Winkelhalbierende w_γ konstruierst.

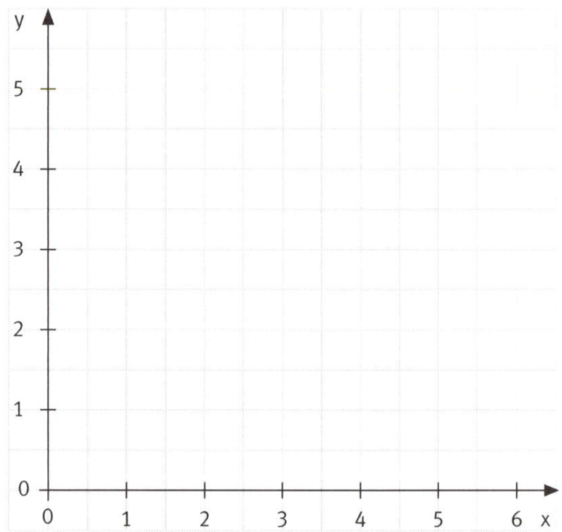

3 Michael, Matthias und Georg gehen zelten. Als sie ihre Zelte aufgebaut haben, wollen sie die Feuerstelle anlegen. Diese soll von allen drei Zelten exakt gleich weit weg sein. Es gibt drei Vorschläge F_1, F_2 und F_3 für die Position der Feuerstelle. Kannst du den Dreien durch Konstruktion helfen?

Die bestmögliche Position für die Feuerstelle

ist __________.

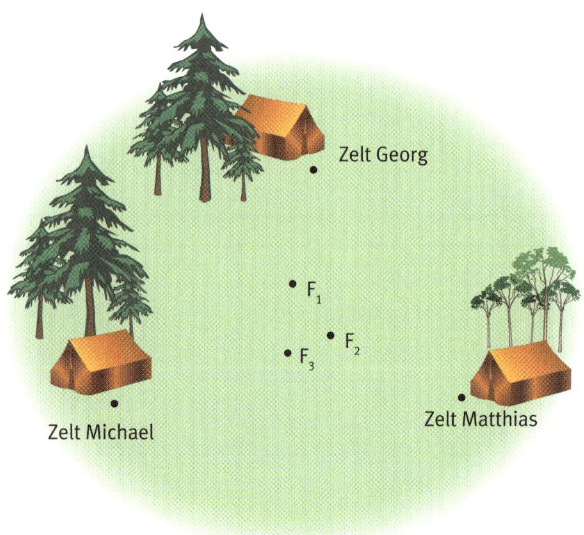

1 Sind die Dreiecke spitzwinklig, stumpfwinklig oder rechtwinklig? Welche sind gleichschenklig, welche gleichseitig? Kreuze an.

	a)	b)	c)	d)	e)	f)
spitzwinklig						
rechtwinklig						
stumpfwinklig	X					
gleichschenklig						
gleichseitig						

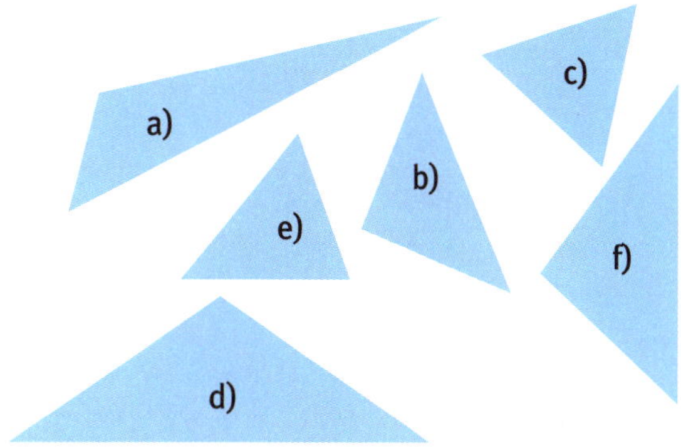

2 Zerlege das Viereck mit einem Schnitt so, dass du ...

a) ein rechtwinkliges und ein spitzwinkliges Dreieck erhältst. Miss alle Winkelmaße und Seitenlängen.

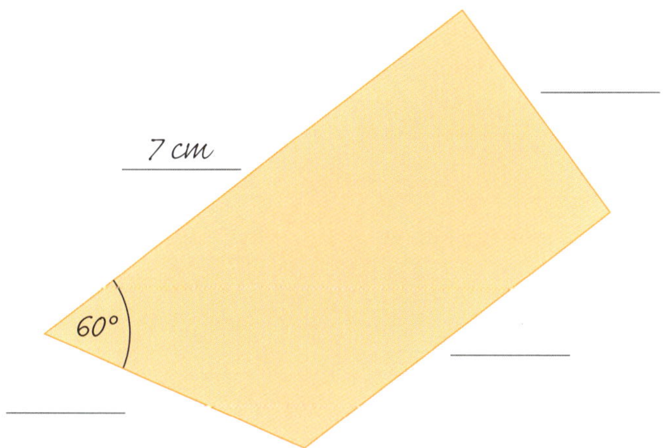

b) ein gleichseitiges und ein spitzwinkliges Dreieck erhältst. Miss alle Winkelmaße und Seitenlängen.

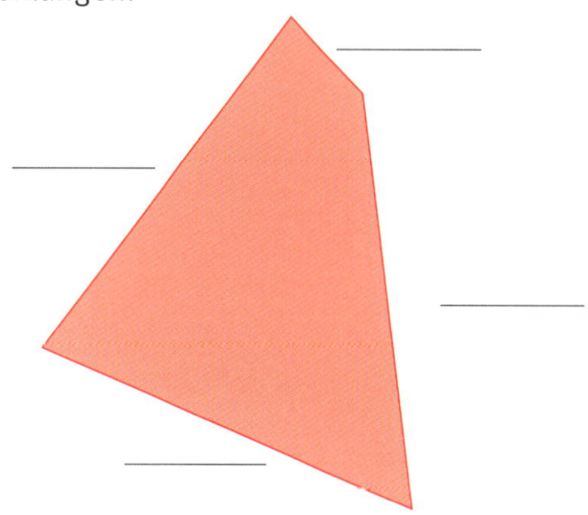

3 Zeichne ein ...

a) rechtwinklig-gleichschenkliges Dreieck ABC mit einer Schenkellänge von 4 cm.

b) gleichschenkliges Dreieck ABC mit Basislänge $\overline{AB}$ = 5 cm und Schenkellänge 4 cm.

c) gleichseitiges Dreieck ABC mit der Seitenlänge 4,5 cm.

Vierecke ordnen

1 Benenne jedes Viereck mit allen möglichen Bezeichnungen und zeichne alle Symmetrieachsen ein.

a)
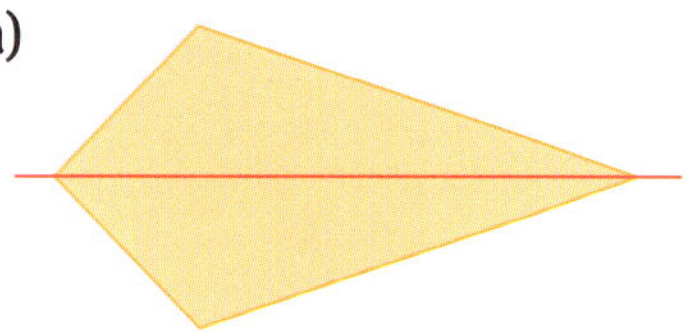

b)

c)

d)

e)

f)

2 Kreuze an, ob das Viereck die Eigenschaft erfüllt.

		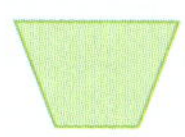			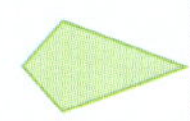		
Gegenüberliegende Seiten sind jeweils gleich lang.	○	○	○	○	○	○	○
Zumindest zwei Seiten sind parallel.	○	○	○	○	○	○	○
Es gibt Diagonalen, die Symmetrieachsen sind.	○	○	○	○	○	○	○
Die Diagonalen halbieren einander.	○	○	○	○	○	○	○

3 Trage die gegebenen Punkte ein und ergänze zum angegebenen Viereck. Gib die fehlenden Koordinaten an.

a) gleichschenkliges Trapez PFAU:
P (10 | 1); F (16 | 1);

A (14 | 4); U (____ | ____)

b) Quadrat ROST:

R (9 | 7); O (____ | ____);

S (____ | ____); T (9 | 12)

c) Drachenviereck BEIN:
B (1 | 4); E (9 | 1);

I (____ | ____); N (1 | 9)

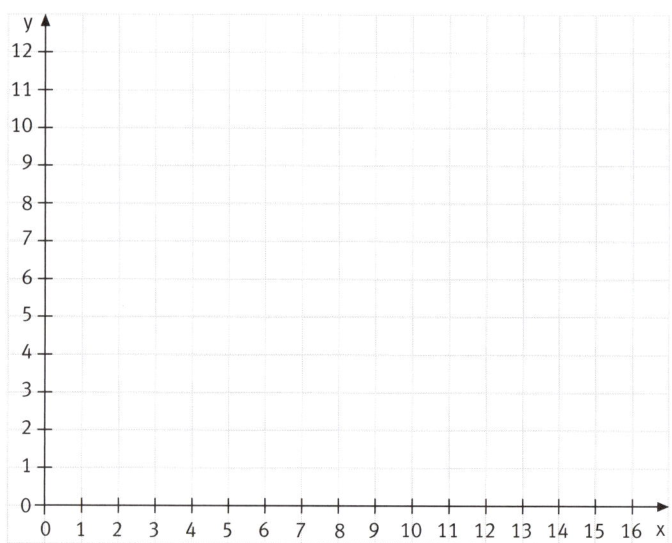

1 Handelt es sich um ein Zufallsexperiment? Kreuze jeweils an.

a) In einer Fernsehshow wird an einem Glücksrad gedreht. ◯ ja ◯ nein

b) Mineralwasser und Apfelsaft werden zusammengegossen. ◯ ja ◯ nein

c) Auf dem Jahrmarkt wird aus einem Eimer ein Los gezogen. ◯ ja ◯ nein

d) Eine Brausetablette wird in ein Glas Wasser gelegt. ◯ ja ◯ nein

2 Ein Farbwürfel mit den Farben Rot, Gelb, Grün, Blau, Weiß und Schwarz und ein Gummischweinchen, das entweder liegen (l) oder auf den Füßen stehen (s) bleibt, werden gleichzeitig geworfen.

a) Stelle alle möglichen Ergebnisse in Form eines Baumdiagramms dar.

b) Wie viele Ergebnisse lassen sich insgesamt unterscheiden? ____________

3 Lola führt ein Zufallsexperiment durch und stellt die möglichen Ergebnisse in einem vereinfachten Baumdiagramm dar:

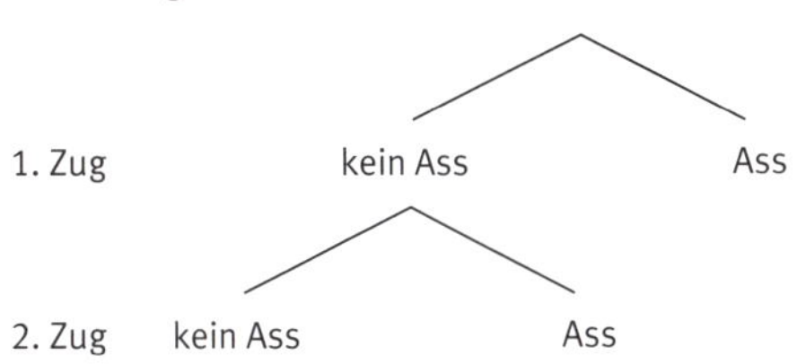

Beschreibe, welches Zufallsexperiment Lola durchgeführt haben könnte.

____

____

____

____

1 Arielle hat blaue und weiße Wäscheklammern in einem Beutel, von jeder Sorte sind es zehn Stück.

a) Gedankenverloren greift sie in den Beutel hinein und holt ohne hinzusehen zwei Wäscheklammern gleichzeitig heraus. Zeichne das zugehörige Baumdiagramm.

b) Wie viele Wäscheklammern müsste Arielle mindestens gleichzeitig herausholen, um mit Sicherheit zwei gleichfarbige zu haben? ____________

2 In Chantals Geldbeutel befinden sich die abgebildeten Münzen. Welches Zufallsexperiment könnte sie mit ihnen durchgeführt haben, wenn das zugehörige Baumdiagramm wie abgebildet aussieht? Kreuze alle richtigen Antworten an.

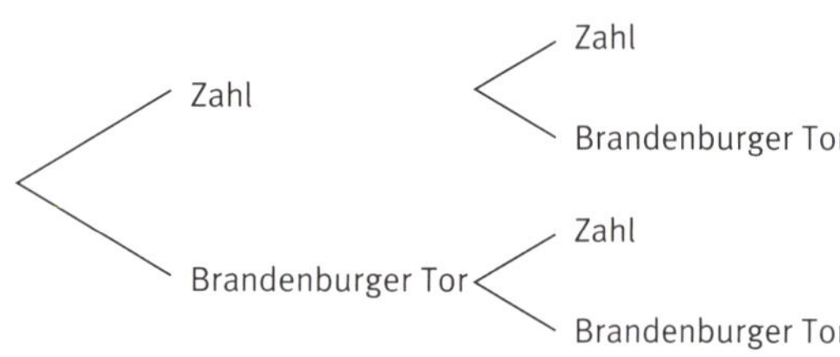

Chantal könnte …

- ◯ die 20-ct-Münze zweimal nacheinander geworfen haben.
- ◯ die 10-ct-Münze zweimal nacheinander geworfen haben.
- ◯ die 1-ct-Münze zweimal nacheinander geworfen haben.
- ◯ die 10-ct-Münze und die 20-ct-Münze gleichzeitig geworfen haben.

3 Dagmar und Doris haben einen Würfel mit den Buchstaben A, D, I, R, T und W. Sie fragen sich, wie groß wohl die Chance ist, dass sie beim einmaligen Werfen des Würfels den Anfangsbuchstaben ihres Vornamens erhalten. Beide stellen dazu die möglichen Würfelergebnisse in Form eines Baumdiagramms dar:

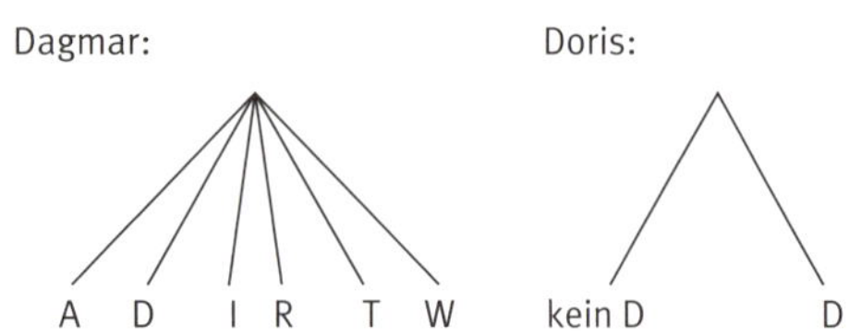

Was meinst du zu Zvonimirs Einschätzung? Begründe deine Meinung.

____

____

____

1 Eine Tüte Knusper-Puffreis enthält Reiskügelchen in drei verschiedenen Farben:

Farbe	Gelb	Rot	Grün
absolute Häufigkeit	724	688	588

a) Wie viele Reiskügelchen sind insgesamt in der Tüte? ____________

b) Vervollständige die Tabelle.

Farbe		Gelb	Rot	Grün
relative Häufigkeit	als Bruch			
	als Dezimalbruch			
	in Prozent			

c) Aus der Tüte wird ohne hinzusehen ein Reiskügelchen gezogen.

1 Welche Farbe wird es am ehesten haben? ____________

2 Warum wird es diese Farbe am ehesten haben? Kreuze die richtige Begründung an.

◯ Die relative Häufigkeit ist bei dieser Farbe am kleinsten.

◯ Bei dieser Farbe ist die absolute Häufigkeit am kleinsten.

◯ Die relative Häufigkeit ist bei dieser Farbe am größten.

2 Wirft man eine leicht gewölbte Spielkarte in die Luft, so landet sie in einer der beiden abgebildeten Positionen auf dem Boden.

Position 1

Position 2

a) Lucky hat die Spielkarte 250-mal geworfen. Es ergibt sich:
h (Position 2) = 0,404.
Wie groß ist die zugehörige absolute Häufigkeit?

____

b) Luke hat die Spielkarte ebenfalls mehrfach geworfen. Sie ist 66-mal in Position 1 liegen geblieben. Die zugehörige relative Häufigkeit lautet: h (Position 1) = 55 %.
Wie oft hat Luke die Spielkarte geworfen?

____

Luke hat die Spielkarte ____________-mal geworfen.

3 Yoko und Zoe haben jeweils drei Minuten lang mit einem gewöhnlichen Spielwürfel gewürfelt, Zoe mit einem roten und Yoko mit einem grünen. Die erhaltenen Augenzahlen haben beide in Form einer Strichliste notiert. Nun möchten sie vergleichen, bei welchem Würfel die Augenzahl 6 eher aufgetreten ist. Wie müssen sie vorgehen?

____

____

____

____

____

Statistische Kenngrößen – Lage- und Streumaße

1 Nach der Premierenveranstaltung des Circus Crown wurden die Kinder der Großfamilie Duck befragt, welcher der aufgetretenen Clowns ihnen am besten gefallen hat. Genannt wurden:
Crusty, Funny, Crusty, Pepe, Augustin, Pepe, Augustin, Pepe, Funny
Kreuze alle Aussagen an, die zutreffen.

- ◯ Der Modalwert der Daten ist Pepe.
- ◯ Für die Daten lässt sich kein arithmetisches Mittel angeben.
- ◯ Der Zentralwert der Daten ist Augustin.
- ◯ Für die Daten lässt sich kein Median angeben.

2 Im Seedorfer Weiher wurden am vergangenen Wochenende mehrere Fische gefangen und anschließend gewogen. Die Messergebnisse waren:
550 g; 720 g; 1000 g; 480 g; 630 g; 800 g; 575 g; 770 g; 900 g; 595 g; 615 g; 770 g; 955 g

a) Ordne die Messergebnisse der Größe nach. Beginne mit dem kleinsten.

480 g; ____________________

____

b) Gib den Modalwert der Messergebnisse an. ________

c) Wie lautet der Zentralwert? ________

d) Berechne das arithmetische Mittel der Messergebnisse.

____

____

____

e) Wie lautet das Minimum? ________ Wie lautet das Maximum? ________

f) Ermittle die Spannweite der Messergebnisse. ____________________

3 Beim Finale der Next-Topmodel-Show wurden zwölf Juroren um Abgabe ihrer Stimme gebeten. Die Tabelle zeigt das Ergebnis der Abstimmung.

Kandidatin	Claudia	Heidi	Lena
Anzahl der erhaltenen Stimmen	4	7	1

a) Gib den Modalwert an. ________

b) Stelle das Abstimmungsergebnis in einem Kreisdiagramm dar.

Claudia: 4 von 12 ≙ $\frac{1}{3}$ ≙ *120°*

Heidi: 7 von 12 ≙ ______ ≙ ______

Lena: 1 von 12 ≙ ______ ≙ ______

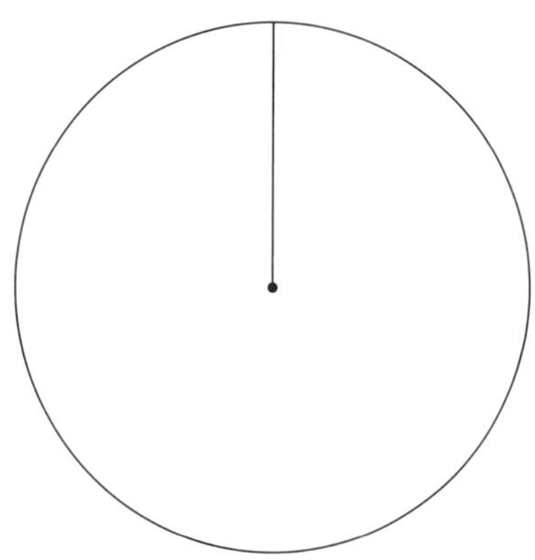

1 Wie könnte Tabea zu dieser Aussage kommen? Erläutere.

2 Von Montag bis einschließlich Samstag hat Familie Rütli die jeweilige Tageshöchsttemperatur auf ihrer Terrasse notiert: 5 °C; 5 °C; 1 °C; –1 °C; –5 °C; –5 °C.

a) Kreuze alle richtigen Aussagen an.

- ◯ Das Minimum der Tageshöchsttemperaturen ist 1 °C, das Maximum ist 5 °C.
- ◯ Die Spannweite der Tageshöchsttemperaturen ist 10 °C.
- ◯ Der Zentralwert der Tageshöchsttemperaturen ist 0 °C.
- ◯ 5 °C und –5 °C sind der Modalwert der Tageshöchsttemperaturen.

b) Welche Tageshöchsttemperatur liegt am Sonntag vor, wenn die Tageshöchsttemperatur in der gesamten Woche im Mittel 0 °C beträgt? ______

3 Das Säulendiagramm zeigt die Verteilung der Noten bei einer Stegreifaufgabe in der Klasse 6a. Drei Schüler haben die Stegreifaufgabe nicht mitgeschrieben.

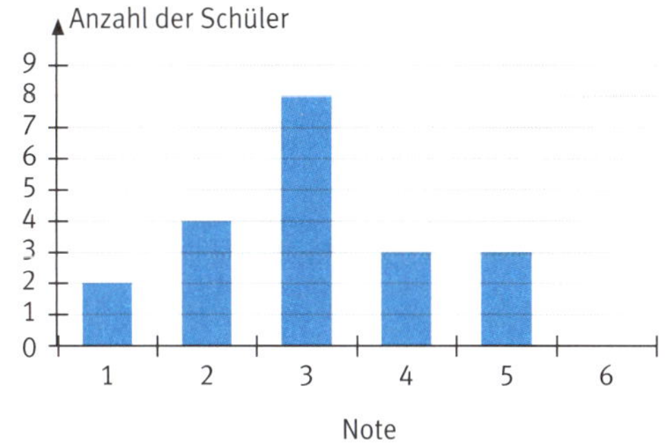

a) Wie viele Schüler sind in der Klasse 6a? ______

b) Wie lautet ...

1 der Modalwert? ______

2 der Zentralwert? ______

4 Bei einer Umfrage unter den Mitarbeitern eines Bekleidungsgeschäftes durfte jeder Befragte angeben, in welcher Abteilung er bevorzugt arbeitet. Der Modalwert war „Kinder“ und „Damen“. „Herren“ wurde dreimal genannt.
Begründe, dass mehr als zehn Personen befragt wurden.

1 Finde zu jeder Situation eine passende ganze Zahl (ohne Einheiten). Achte auf das Vorzeichen.

a) Meine Eltern haben für mich 40 € auf mein Sparbuch einbezahlt. ____________

b) Die Firma hat in diesem Jahr 10 000 Autos weniger produziert. ____________

c) Die Temperatur fiel in dieser Nacht auf 23 °C unter dem Gefrierpunkt. ____________

d) Onkel Marco verkauft seine Wohnung im vierten Stockwerk. ____________

2 Gib an, welche Zahlen markiert wurden.

a)

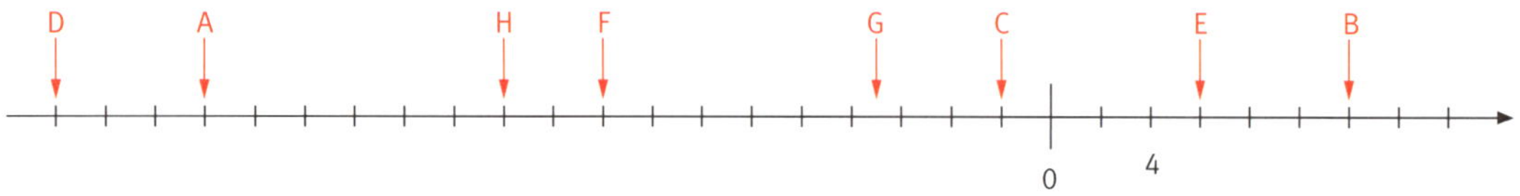

A: ________ B: ________ C: ________ D: ________ E: ________ F: ________ G: ________ H: ________

b)

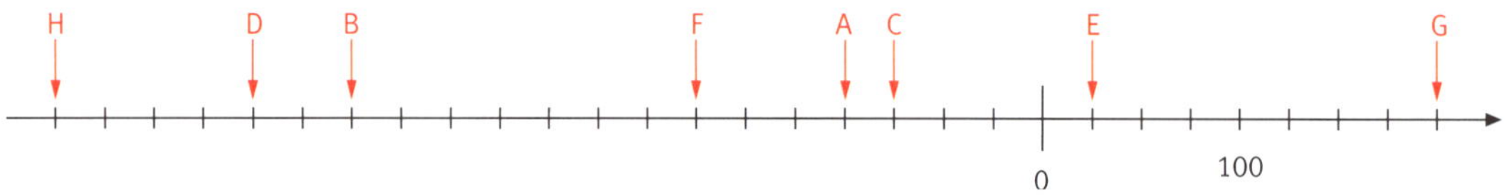

A: ________ B: ________ C: ________ D: ________ E: ________ F: ________ G: ________ H: ________

3 Stelle die Zahlen jeweils an der Zahlengerade dar. Ordne sie anschließend der Größe nach.

a) –5; 3; –1; +7; –9; 4; –2; –8

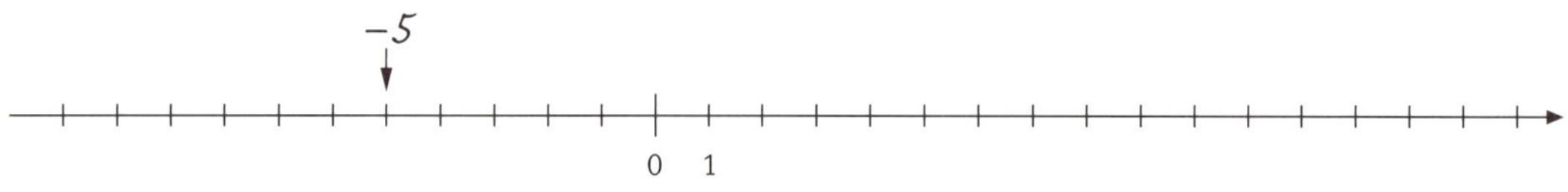

________ < ________ < ________ < ________ < ________ < ________ < ________ < ________

b) 0; –30; –6; 18; +21; –27; –36; –48

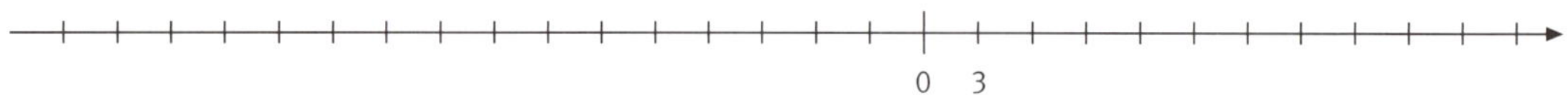

________ < ________ < ________ < ________ < ________ < ________ < ________ < ________

4 Setze die Zeichen <, > oder = für den Platzhalter ein. „*" steht für eine beliebige Ziffer.

a)	b)	c)	d)
64 ◯ –73	–39 ◯ –39	–807 ◯ 706	–12 1*0 ◯ 10 13*
–77 ◯ 42	–429 ◯ 294	531 ◯ –187	3*33 ◯ –5*33
9^2 ◯ –81	10^0 ◯ 10	0 ◯ –1	–99** ◯ –*8**

1 Kreuze alle richtigen Aussagen an.

a) Die Zahlenpfeile zu +1 und –2 sind zusammen gleich lang wie der Zahlenpfeil zu +3. ○

b) Zahl und Gegenzahl haben denselben Abstand zur Null. ○

c) Zahlenpfeile zu Gegenzahlen zeigen immer nach links. ○

d) Nur der Zahlenpfeil zu +91 hat die Länge |–91|. ○

2 **a)** Welche Zahlen sind dargestellt? Vergleiche dazu die Längen der Pfeile.

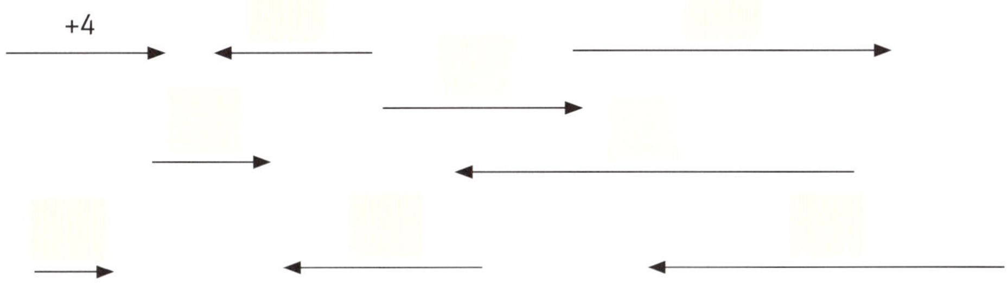

b) Zeichne die Pfeile zu den Zahlen –15, +45, –60, –90, +30, –135, +120 und +165. Wähle dazu eine geeignete Einheit.

3 Fülle die Lücken, sodass Aussagen der Form 3 > |–2| bzw. |–4| = 4 entstehen.

a) |–9| = ____

|–68| ____ |–86|

b) 701 ____ |+700|

| ____ | = |22 074|

c) ____ = 11

–56 ____ 56

4 Gib jeweils die Gegenzahl und den Betrag der Zahl an.

a) 5011 ____________________

b) –2301 ____________________

5 Formuliere zur folgenden Zahl bzw. Zahlenfolge jeweils ein Zahlenrätsel.

a) –32

____

____

b) –5; –10; –15; –20; –25; –30; –35; ...

____

____

1 Bei der Addition und Subtraktion ganzer Zahlen kann das Zahlenpfeilmodell helfen.

a) Welche Rechnung ist jeweils dargestellt? Bestimme auch das Ergebnis.

1 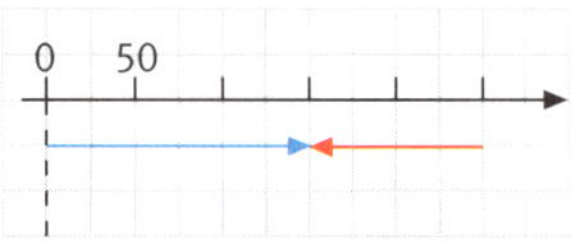

2 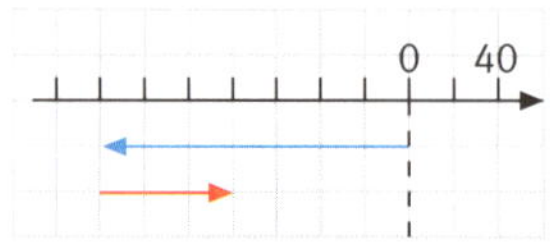

3 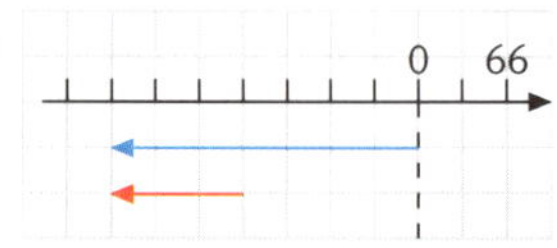

b) Stelle folgende Rechnungen mithilfe des Zahlenpfeilmodells dar und bestimme das Ergebnis.

1 −3 + (−4) = ____________

2 −7 − (−9) = ____________

3 50 + (−75) = ____________

2 Marvin hat den Term (−9) + (−4) mit Zahlenpfeilen dargestellt und leider einen Fehler gemacht. Beschreibe, warum seine Lösung fehlerhaft ist.

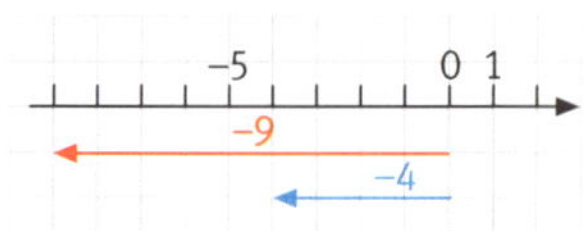

____

____

3 Eine Schale enthält drei Kärtchen mit je einer der Zahlen −3, 87 und −109. Man entnimmt gleichzeitig zwei Kärtchen und bildet die Differenz der Zahlen. Finde alle möglichen Kombinationen und berechne stets das Ergebnis.

4 Fülle die Lücken.

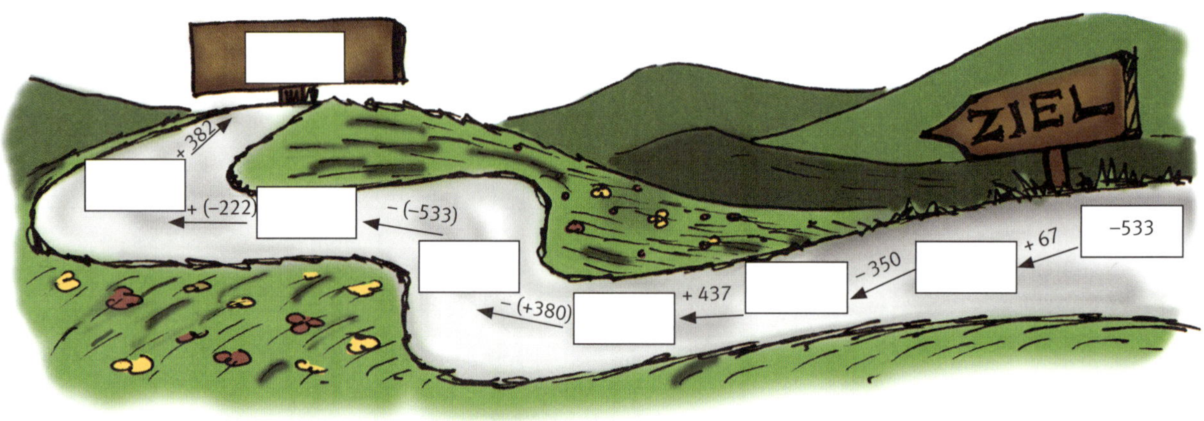

1 Welche Aussage ist beim Rechnen mit ganzen Zahlen richtig? Kreuze an.

◯ Bei der Subtraktion ganzer Zahlen werden die Zahlenpfeile Fuß an Spitze gekoppelt.

◯ Bei der Addition zweier negativer Zahlen ist der Zahlenpfeil, der den Wert der Summe darstellt, länger als die beiden Zahlenpfeile der Summanden.

2 Berechne und trage die Buchstaben mit ein. Wie lautet der Lösungssatz?

	Ergebnis			Ergebnis			Ergebnis	
+61 – 242			–1440 + (–222)			–99 + 42		
–543 – (+74)			637 + (–637)			81 111 – (–39)		
–97 + (–55)			–8042 + 322			4489 + (–9421)		
+431 – (–704)			5532 – (–707)			–8001 + 69		
84 + (–379)			–9000 – (+854)			566 – 498		

0 (A) | –9854 (T) | –1662 (M) | –152 (T) | 68 (S) | 1135 (H) | 6239 (H) | –57 (S)

81 150 (P) | –7720 (C) | –7932 (S) | –295 (E) | –4932 (A) | –181 (M) | –617 (A)

Lösungssatz: ______________________________

3 Paul überlegt.

a) Notiere einen Term, mit dem du Pauls finanzielle Lage berechnen kannst.

____

b) Entscheide aufgrund von Pauls finanzieller Lage, ob er es sich leisten könnte, heute Abend ins Kino zu gehen. Begründe deine Entscheidung.

____

4 Setze die richtigen Zahlen ein.

a) +10 ⟶ –4 ⟶ 2

b) –150 ⟶ –100 ⟶ –180

c) –100 ⟶ +75 ⟶ –10

d) 96 ⟶ –44 ⟶ –8

1 Schreibe ohne Klammern und berechne.

a) $-4 + (-19) =$ ____________________ b) $32 - (-19) =$ ____________________

c) $-59 - (+43) =$ ____________________ d) $-81 - (-77) =$ ____________________

e) $122 + (-65) =$ ____________________ f) $-5047 + (-2081) =$ ____________________

2 Setze < oder > ein.

a) $[-522 + (231 - 99)]$ ◯ 0 b) $[29\,711 - (88 - 29\,623) - 40\,500]$ ◯ 0

c) $[23 - 17 + 31 - 68]$ ◯ 0 d) $[(2301 - 688) - (19 - 4875) - 432]$ ◯ 0

3 Leider hat sich in Vincents Rechnung ein Fehler eingeschlichen. Markiere, an welcher Stelle der Fehler passiert ist, und beschreibe diesen.

____

____

____

____

____

$29 - [11 + (-35 - 64) - (-72)] =$

$29 - [11 - 99 + 72] =$

$29 - [11 - 171] =$

$29 - [-160] =$

$29 + 160 =$

186

4 Helena prahlt damit, dass sie Timon jede Zahl, die er sich denkt, nennen kann. Timon glaubt ihr nicht und stellt sie deswegen auf die Probe.

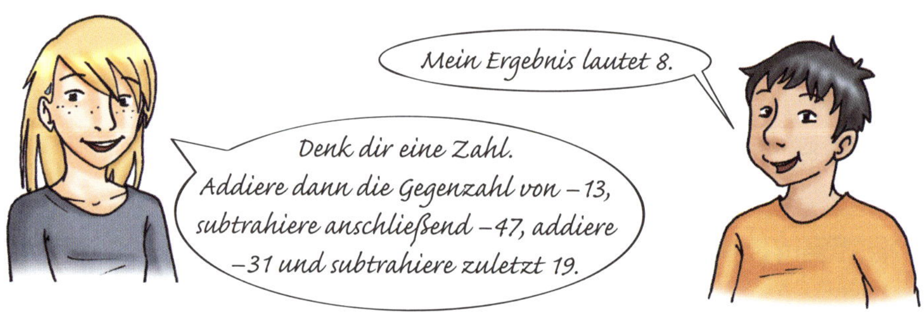

a) Finde heraus, welche Zahl sich Timon gedacht hat.

b) Kann Helena Gedanken lesen, weil sie Timons gedachte Zahl kennt, oder gibt es eine einfache mathematische Erklärung für ihre Fähigkeit?

____

____

1 In wie viele gleich große Teile ist die Figur zerlegt? Welchem Bruchteil der ganzen Figur entspricht ein solcher Teil?

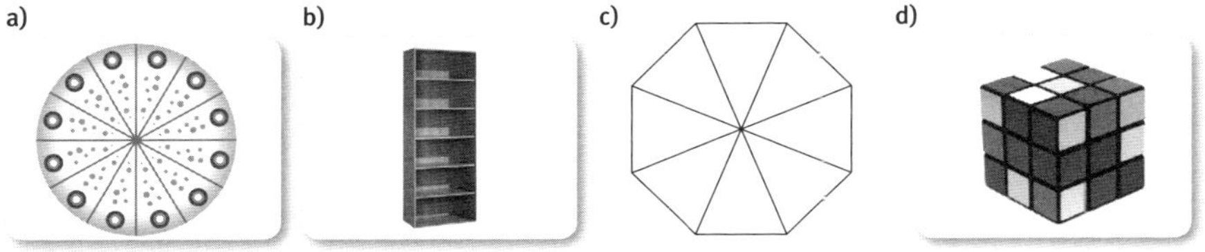

a) *12 Teile* – *ein Zwölftel*
b) *6 Teile* – *ein Sechstel*
c) *8 Teile* – *ein Achtel*
d) *27 Teile* – *ein Siebenundzwanzigstel*

2 Markiere jeweils die Hälfte, ein Viertel und ein Achtel der Figuren in verschiedenen Farben.

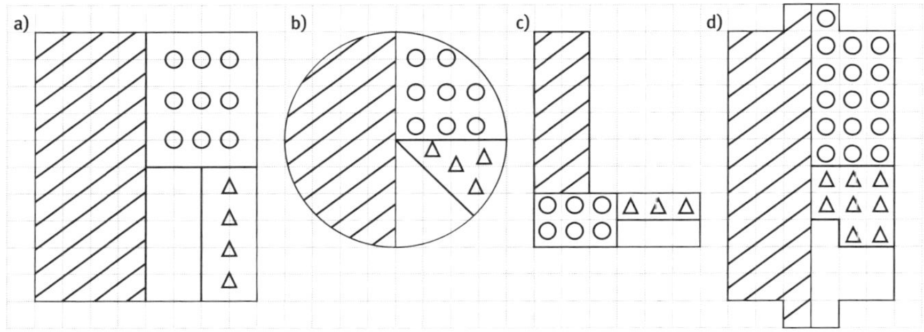

3 Ergänze die dargestellten Figuren jeweils zum Ganzen.

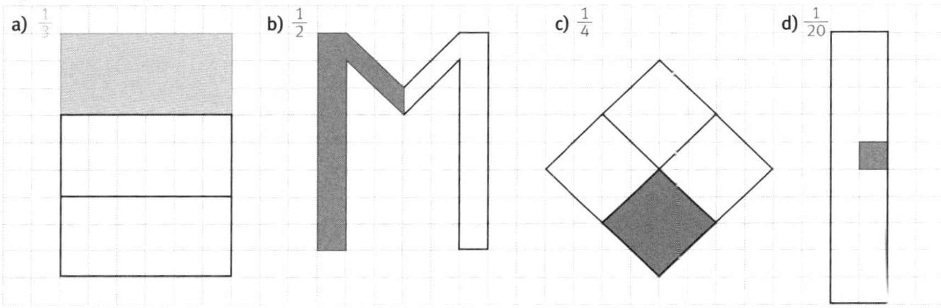

4 Markiere auf der Strecke die angegebenen Bruchteile und gib jeweils die zugehörige Länge an.

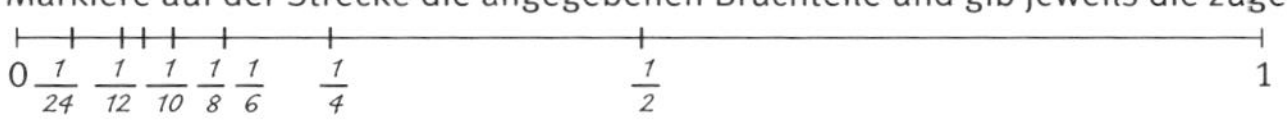

1 Ganzes ≙ *12 cm* $\frac{1}{2}$ ≙ *6 cm* $\frac{1}{4}$ ≙ *3 cm* $\frac{1}{6}$ ≙ *2 cm*

$\frac{1}{8}$ ≙ *1,5 cm* $\frac{1}{10}$ ≙ *1,2 cm* $\frac{1}{12}$ ≙ *1 cm* $\frac{1}{24}$ ≙ *0,5 cm*

1 Welcher Anteil ist jeweils eingefärbt, welcher ist weiß?

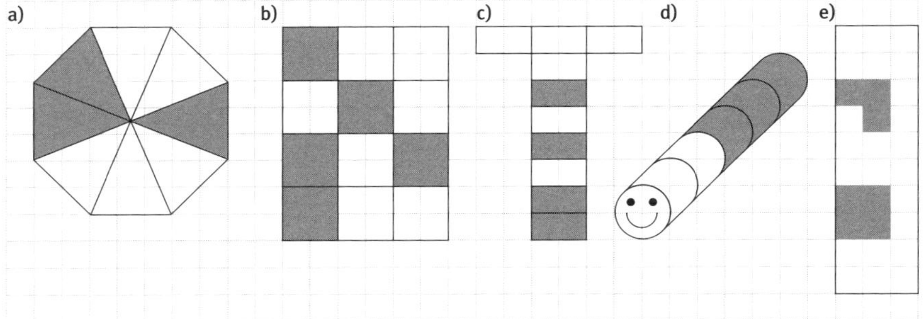

	a)	b)	c)	d)	e)
blau:	$\frac{3}{8}$	$\frac{5}{12}$	$\frac{4}{10}$	$\frac{3}{5}$	$\frac{7}{30}$
weiß:	$\frac{5}{8}$	$\frac{7}{12}$	$\frac{6}{10}$	$\frac{2}{5}$	$\frac{23}{30}$

2 Welcher Anteil an der Gesamtstrecke wird durch jeden Buchstaben markiert?

A: $\frac{2}{31}$ B: $\frac{4}{31}$ C: $\frac{8}{31}$ D: $\frac{15}{31}$ E: $\frac{18}{31}$ F: $\frac{23}{31}$ G: $\frac{27}{31}$

3 Gib jeweils an, welcher Anteil bei den Figuren zum Ganzen fehlt. Vervollständige die Figur zum Ganzen.

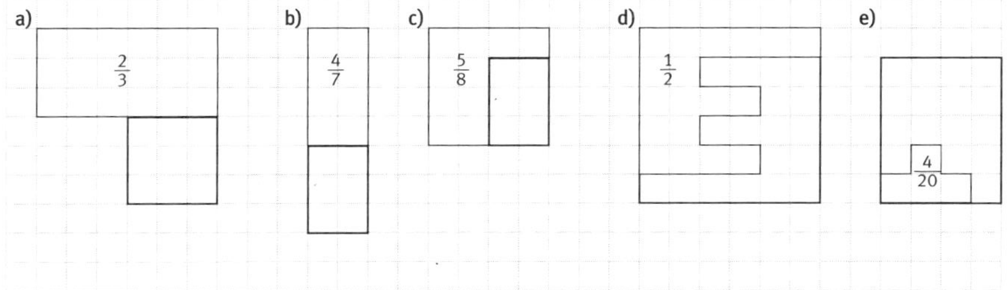

a) *$\frac{1}{3}$ fehlt.* b) *$\frac{3}{7}$ fehlen.* c) *$\frac{3}{8}$ fehlen.* d) *$\frac{1}{2}$ fehlt.* e) *$\frac{16}{20}$ fehlen.*

4 Schraffiere den angegebenen Bruchteil der Fläche.

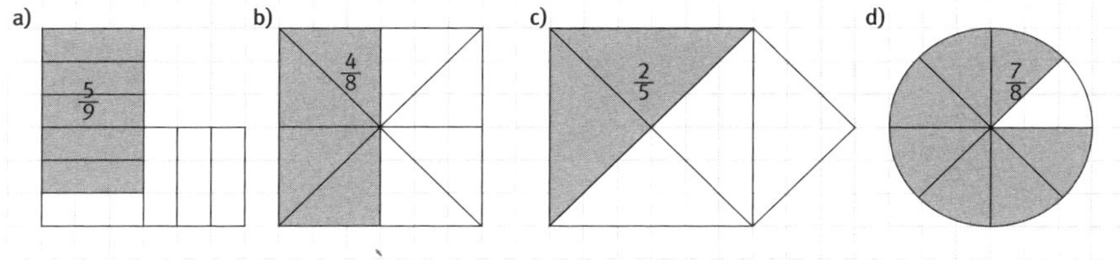

1 Notiere die folgenden Verteilungen mit einem Bruch.

a) Vier Kinder teilen sich gerecht drei Flammkuchen.
Jedes Kind bekommt $\frac{3}{4}$ eines Flammkuchens.

b) Drei Kinder teilen sich zwei Blätter Papier gerecht miteinander.
Jedes Kind bekommt $\frac{2}{3}$ eines Blattes Papier.

c) Fünf Leute teilen sich einen Kuchen ehrlich untereinander auf.
Jede Person bekommt $\frac{1}{5}$ des Kuchens.

2 Schreibe als Bruch.

a) $4 : 3 = \frac{4}{3}$ b) $5 : 13 = \frac{5}{13}$ c) $17 : 32 = \frac{17}{32}$ d) $5 : 21 = \frac{5}{21}$ e) $6 : 7 = \frac{6}{7}$

3 Stelle die folgenden Sachverhalte zeichnerisch dar.

a) Fünf Kinder teilen zwei Tafeln Schokolade gerecht miteinander. *Lösungsmöglichkeit:*

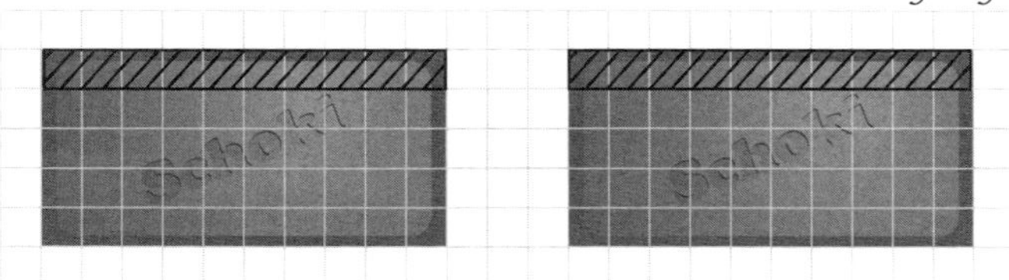

Jedes Kind bekommt $\frac{2}{5}$ einer Tafel Schokolade.

b) Sechs Kinder teilen vier Pizzas gerecht miteinander.

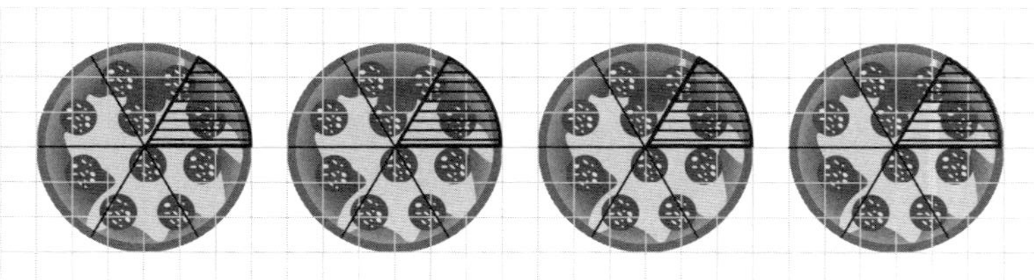

Jedes Kind bekommt $\frac{1}{6} + \frac{1}{6} + \frac{1}{6} + \frac{1}{6} = \frac{4}{6}$ einer Pizza.

4 Gib zu jeder Abbildung einen passenden Bruch an und schreibe diesen anschließend als Division.

a) 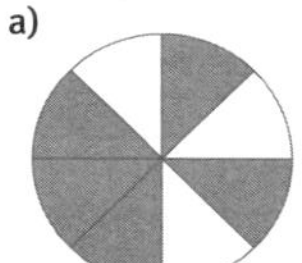
$\frac{5}{8} = 5 : 8$

b) 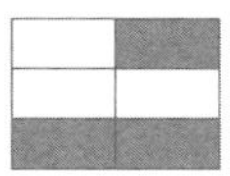
$\frac{3}{6} = 3 : 6$

c) 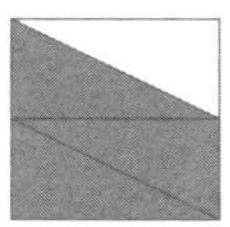
$\frac{3}{4} = 3 : 4$

d) 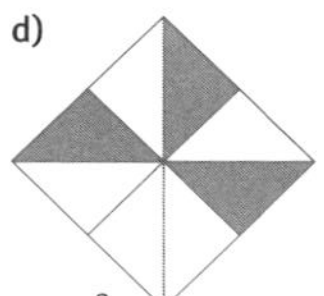
$\frac{3}{8} = 3 : 8$

e) 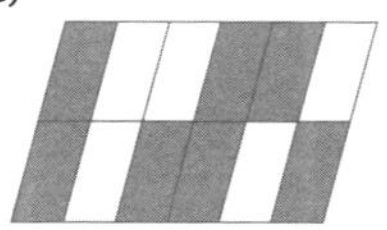
$\frac{7}{12} = 7 : 12$

1 Die Quadrate symbolisieren Flächen von 1 cm² Inhalt. Markiere jeweils $\frac{2}{5}$ der Gesamtfläche. *Lösungsmöglichkeit:*

a) 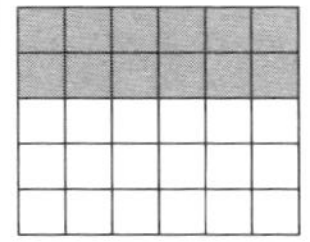
b) 
c) 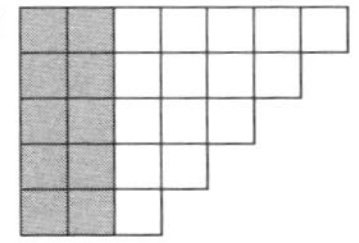
d) 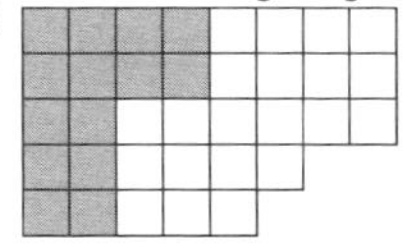

2 Stelle $\frac{2}{3}$ von 18 Flächeneinheiten auf unterschiedliche Arten dar. *Lösungsmöglichkeit:*

a) 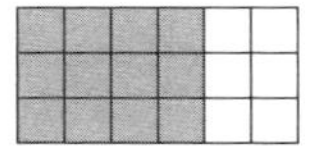
b) 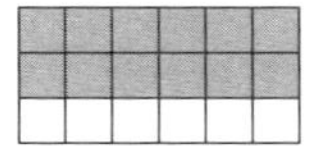
c) 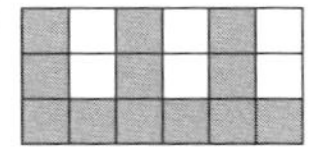
d) 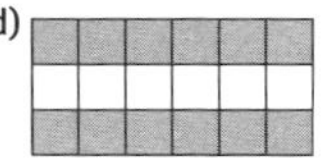

3 Berechne den Bruchteil.

a) $\frac{3}{5}$ von 60 cm = *36 cm* b) $\frac{2}{3}$ von 1800 g = *1200 g* c) $\frac{7}{24}$ von 72 h = *21 h*

d) $\frac{8}{25}$ von 625 m = *200 m* e) $\frac{5}{59}$ von 59 min = *5 min* f) $\frac{5}{6}$ von 144 € = *120 €*

4 Wie groß ist jeweils das Ganze?

a) $\frac{3}{5}$ von *100 cm* sind 60 cm. b) $\frac{1}{2}$ von *398 €* sind 199 €. c) $\frac{5}{36}$ von *108 s* sind 15 s.

d) $\frac{8}{13}$ von *78 g* sind 48 g. e) $\frac{16}{26}$ von *78 kg* sind 48 kg. f) $\frac{16}{100}$ von *1600 m* sind 256 m.

5 Färbe jeweils den angegebenen Bruchteil der Strecke.

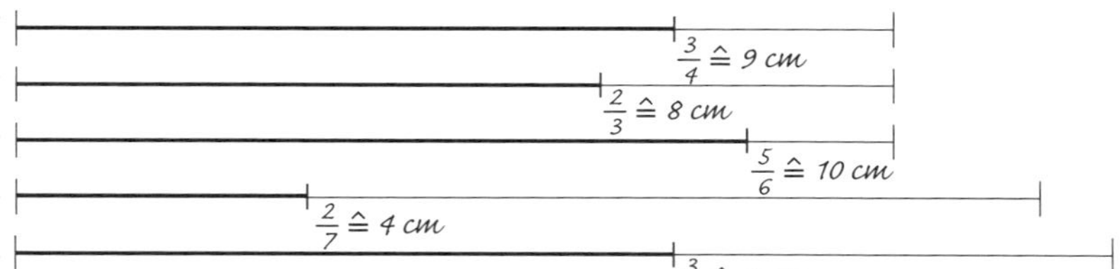

a) $\frac{3}{4}$ — $\frac{3}{4} \mathrel{\hat=} 9$ cm

b) $\frac{2}{3}$ — $\frac{2}{3} \mathrel{\hat=} 8$ cm

c) $\frac{5}{6}$ — $\frac{5}{6} \mathrel{\hat=} 10$ cm

d) $\frac{2}{7}$ — $\frac{2}{7} \mathrel{\hat=} 4$ cm

e) $\frac{3}{5}$ — $\frac{3}{5} \mathrel{\hat=} 9$ cm

1 Welche der folgenden Brüche sind echte Brüche, welche unechte Brüche?

$\frac{2}{3}$; $\frac{4}{3}$; $\frac{3}{1222}$; $\frac{5}{1}$; $\frac{13}{26}$; $\frac{7}{17}$; $\frac{100}{10}$; $\frac{12}{5}$; $\frac{8}{8}$; $\frac{126}{8}$; $\frac{19}{31}$; $\frac{5}{3}$; $\frac{3187}{3781}$; $\frac{4148}{1448}$

echt: $\frac{2}{3}$; $\frac{3}{1222}$; $\frac{13}{26}$; $\frac{7}{17}$; $\frac{19}{31}$; $\frac{3187}{3781}$ unecht: $\frac{4}{3}$; $\frac{5}{1}$; $\frac{100}{10}$; $\frac{12}{5}$; $\frac{8}{8}$; $\frac{126}{8}$; $\frac{5}{3}$; $\frac{4148}{1448}$

2 Gib jeweils einen Bruch an, der durch die Zeichnung dargestellt sein kann. Wandle, wenn möglich, in eine natürliche oder gemischte Zahl um.

a) 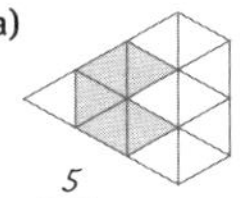
$\frac{5}{14}$

b) 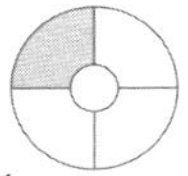
$\frac{1}{4}$

c) 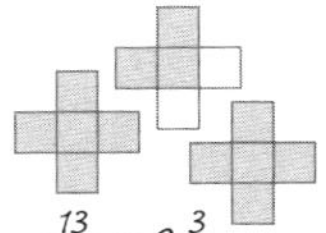
$\frac{13}{5} = 2\frac{3}{5}$

d) 
$\frac{11}{6} = 1\frac{5}{6}$

e) 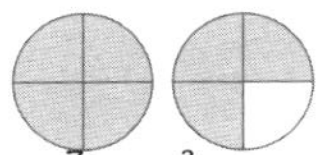
$\frac{7}{4} = 1\frac{3}{4}$

f) 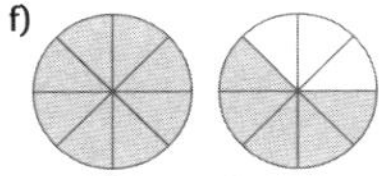
$\frac{13}{8} = 1\frac{5}{8}$

g) 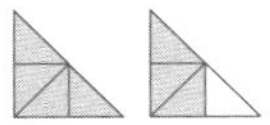
$\frac{7}{4} = 1\frac{3}{4}$

h) 
$\frac{8}{4} = 2$

3 Schreibe als gemischte Zahl.

a) $\frac{11}{10} = 1\frac{1}{10}$ b) $\frac{15}{4} = 3\frac{3}{4}$ c) $\frac{5}{3} = 1\frac{2}{3}$ d) $\frac{6}{4} = 1\frac{2}{4}$ e) $\frac{37}{18} = 2\frac{1}{18}$

f) $\frac{13}{5} = 2\frac{3}{5}$ g) $\frac{1221}{112} = 10\frac{101}{112}$ h) $\frac{16}{15} = 1\frac{1}{15}$ i) $\frac{9}{7} = 1\frac{2}{7}$ j) $\frac{79}{36} = 2\frac{7}{36}$

4 Schreibe als unechten Bruch.

a) $1\frac{2}{3} = \frac{5}{3}$ b) $2\frac{1}{5} = \frac{11}{5}$ c) $3\frac{18}{20} = \frac{78}{20}$ d) $8\frac{3}{5} = \frac{43}{5}$ e) $1\frac{35}{36} = \frac{71}{36}$

f) $12\frac{6}{12} = \frac{150}{12}$ g) $7\frac{1}{4} = \frac{29}{4}$ h) $5\frac{1}{2} = \frac{11}{2}$ i) $1\frac{3}{4} = \frac{7}{4}$ j) $11\frac{1}{111} = \frac{1222}{111}$

5 Markiere die folgenden Zahlen auf der Zahlenhalbgerade.

A: $1\frac{1}{2}$ B: $2\frac{1}{3}$ C: $\frac{5}{4}$ D: $2\frac{3}{6}$ E: $\frac{3}{4}$ F: $1\frac{3}{12}$

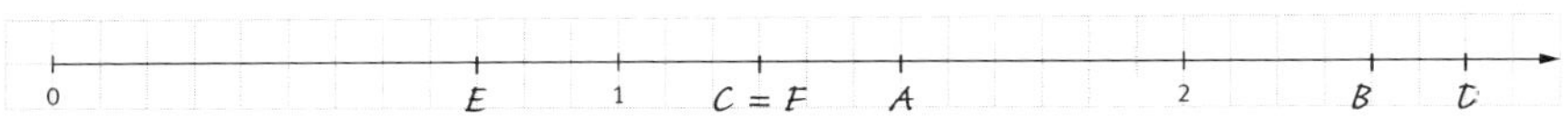

6 Auf alten Haushaltswaagen wandert der Messzeiger entlang einer Skala. Trage die Größen richtig ein.

a) $1\frac{1}{2}$ kg b) 250 g c) 1,75 kg d) $\frac{3}{4}$ kg e) 1000 g

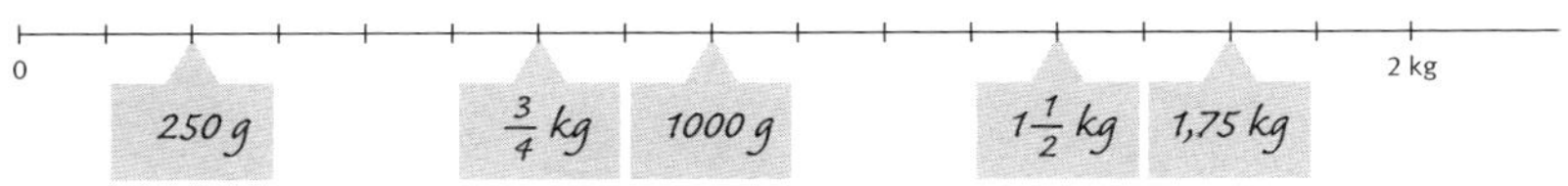

1 Bestimme die Anteile. Mit welcher Zahl wurde erweitert bzw. gekürzt?

a) 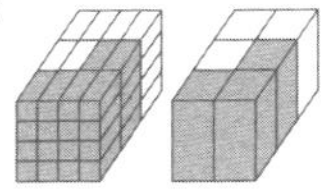
$\frac{24}{48} = \frac{3}{6}$; mit 8 gekürzt

b) 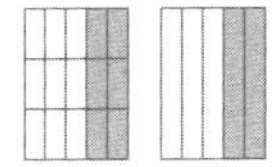
$\frac{6}{15} = \frac{2}{5}$; mit 3 gekürzt

c) 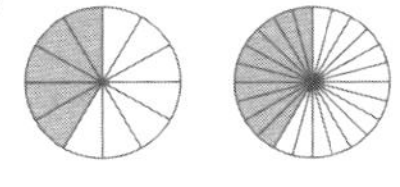
$\frac{5}{12} = \frac{10}{24}$; mit 2 erweitert

d) 
$\frac{2}{3} = \frac{8}{12}$; mit 4 erweitert

e) 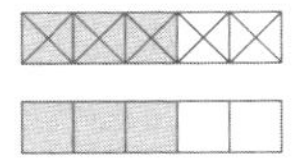
$\frac{12}{20} = \frac{3}{5}$; mit 4 gekürzt

f) 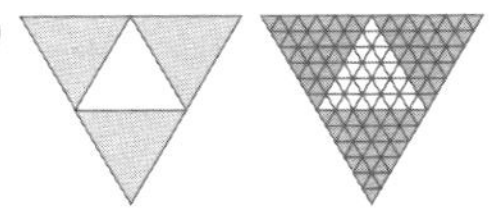
$\frac{3}{4} = \frac{108}{144}$; mit 36 erweitert

g) $\frac{4}{8} = \frac{1}{2}$; mit 4 gekürzt h) $\frac{33}{51} = \frac{11}{17}$; mit 3 gekürzt i) $\frac{2}{3} = \frac{18}{27}$; mit 9 erweitert

2 Kürze mit der angegebenen Zahl und wandle anschließend – falls möglich – in eine gemischte Zahl um.

a) mit 4: $\frac{12}{64} = \frac{12:4}{64:4} = \frac{3}{16}$ b) mit 3: $\frac{39}{12} = \frac{39:3}{12:3} = \frac{13}{4} = 3\frac{1}{4}$ c) mit 25: $\frac{75}{50} = \frac{75:25}{50:25} = \frac{3}{2} = 1\frac{1}{2}$

d) mit 2: $\frac{18}{26} = \frac{18:2}{26:2} = \frac{9}{13}$ e) mit 8: $\frac{256}{152} = \frac{256:8}{152:8} = \frac{32}{19} = 1\frac{13}{19}$ f) mit 7: $\frac{49}{84} = \frac{49:7}{84:7} = \frac{7}{12}$

3 Erweitere die Brüche mit der angegebenen Zahl.

a) mit 5: $\frac{3}{8} = \frac{3 \cdot 5}{8 \cdot 5} = \frac{15}{40}$ b) mit 4: $\frac{2}{3} = \frac{2 \cdot 4}{3 \cdot 4} = \frac{8}{12}$ c) mit 13: $\frac{5}{7} = \frac{5 \cdot 13}{7 \cdot 13} = \frac{65}{91}$

d) mit 3: $\frac{1}{5} = \frac{1 \cdot 3}{5 \cdot 3} = \frac{3}{15}$ e) mit 6: $\frac{13}{16} = \frac{13 \cdot 6}{16 \cdot 6} = \frac{78}{96}$ f) mit 2: $\frac{10}{36} = \frac{10 \cdot 2}{36 \cdot 2} = \frac{20}{72}$

4 Veranschauliche das Erweitern und vervollständige.

a) Erweitere $\frac{1}{2}$ mit 3: $\frac{1}{2} = \frac{3}{6}$

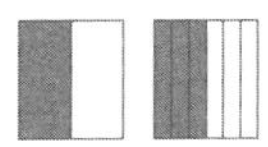

b) Eweitere $\frac{1}{3}$ mit 2: $\frac{1}{3} = \frac{2}{6}$

c) Erweitere $\frac{1}{2}$ mit 4: $\frac{1}{2} = \frac{4}{8}$

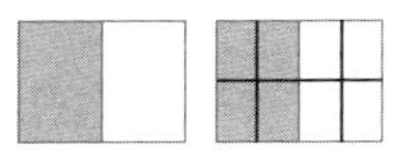

d) Eweitere $\frac{1}{3}$ mit 5: $\frac{1}{3} = \frac{5}{15}$

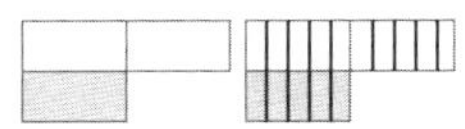

5 Veranschauliche das Kürzen und vervollständige.

a) Kürze $\frac{4}{10}$ mit 2: $\frac{4}{10} = \frac{2}{5}$

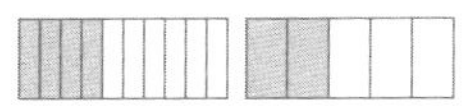

b) Kürze $\frac{4}{8}$ mit 2: $\frac{4}{8} = \frac{2}{4}$

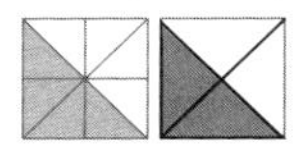

c) Kürze $\frac{6}{12}$ mit 3: $\frac{6}{12} = \frac{2}{4}$

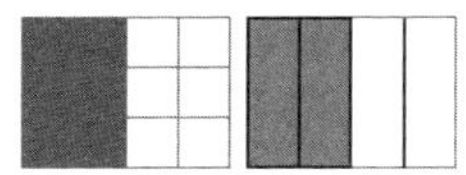

1 Markiere die Brüche an der Zahlenhalbgerade und ordne sie dann der Größe nach.

a) $\frac{3}{4}$; $\frac{5}{8}$; $\frac{1}{2}$

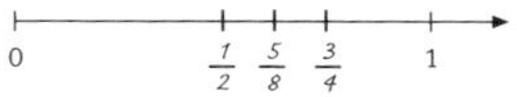

$\frac{1}{2} < \frac{5}{8} < \frac{3}{4}$

b) $\frac{2}{3}$; $\frac{7}{6}$; $\frac{3}{6}$

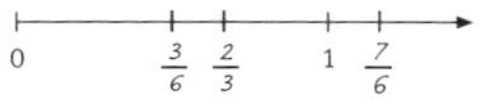

$\frac{3}{6} < \frac{2}{3} < \frac{7}{6}$

c) $\frac{4}{5}$; $\frac{11}{25}$; $\frac{5}{5}$

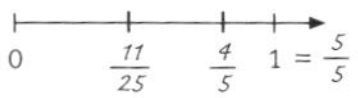

$\frac{11}{25} < \frac{4}{5} < \frac{5}{5}$

2 Bestimme zunächst den gefärbten Anteil und ordne diese der Größe nach. Beginne mit dem kleinsten.

	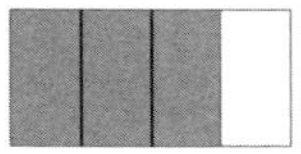			
Anteil	$\frac{3}{4}$	$\frac{2}{4} = \frac{1}{2}$	$\frac{3}{8}$	$\frac{2}{6} = \frac{1}{3}$
Ordnung	4	3	2	1

3 Setze <, > oder = ein.

a) $\frac{3}{8} < \frac{5}{8}$ b) $\frac{2}{3} > \frac{4}{9}$ c) $\frac{4}{18} > \frac{1}{6}$ d) $\frac{5}{7} = \frac{25}{35}$ e) $\frac{6}{11} < \frac{3}{5}$

f) $\frac{4}{24} < \frac{1}{3}$ g) $\frac{18}{56} > \frac{4}{14}$ h) $1\frac{3}{4} = \frac{7}{4}$ i) $\frac{44}{55} < \frac{55}{44}$ j) $\frac{0}{7} = \frac{0}{9}$

4 Ordne die Brüche der Größe nach.

a) Beginne mit dem größten Bruch.

$\frac{3}{4}$	$\frac{1}{2}$	$\frac{5}{8}$	$\frac{1}{4}$	$\frac{7}{8}$	$\frac{7}{8} > \frac{3}{4} > \frac{5}{8} > \frac{1}{2} > \frac{1}{4}$

b) Beginne mit dem kleinsten Bruch.

$\frac{1}{2}$	$\frac{1}{3}$	$\frac{8}{9}$	$\frac{2}{3}$	$\frac{5}{6}$	$\frac{1}{3} < \frac{1}{2} < \frac{2}{3} < \frac{5}{6} < \frac{8}{9}$

5 Richtig (r) oder falsch (f)? Prüfe nach.

a) $\frac{2}{3} < \frac{7}{8} < \frac{10}{11}$ r b) $\frac{2}{8} > \frac{1}{4} > \frac{1}{9}$ f c) $\frac{16}{12} > \frac{1}{2} > \frac{2}{5}$ r

d) $\frac{3}{10} < \frac{1}{3} < \frac{3}{4}$ r e) $\frac{3}{5} < \frac{3}{4} < \frac{3}{2}$ r f) $\frac{3}{4} < \frac{2}{3} < \frac{4}{5}$ f

6 Ordne der Größe nach. Beginne mit der kleinsten Größe.

a) $\frac{2}{5}$ kg; 320 g; $\frac{4}{8}$ kg: 320 g < $\frac{2}{5}$ kg < $\frac{4}{8}$ kg

b) $\frac{5}{20}$ m; 40 cm; $\frac{3}{10}$ dm: $\frac{3}{10}$ dm < $\frac{5}{20}$ m < 40 cm

c) $\frac{3}{4}$ h; 2400 s; $\frac{1}{48}$ d: $\frac{1}{48}$ d < 2400 s < $\frac{3}{4}$ h

d) $1\frac{2}{3}$ m; $\frac{7}{4}$ m; $\frac{0}{4}$ dm: $\frac{0}{4}$ dm < $1\frac{2}{3}$ m < $\frac{7}{4}$ m

7 Vergleicht man zwei Brüche mit gleichem Nenner miteinander, so ist derjenige Bruch größer, der den größeren Zähler hat. Vergleicht man zwei Brüche mit gleichem Zähler miteinander, so ist derjenige Bruch größer, der den kleineren Nenner hat.

1 Welche Addition ist dargestellt? Wie viel fehlt dem Ergebnis zum Ganzen?

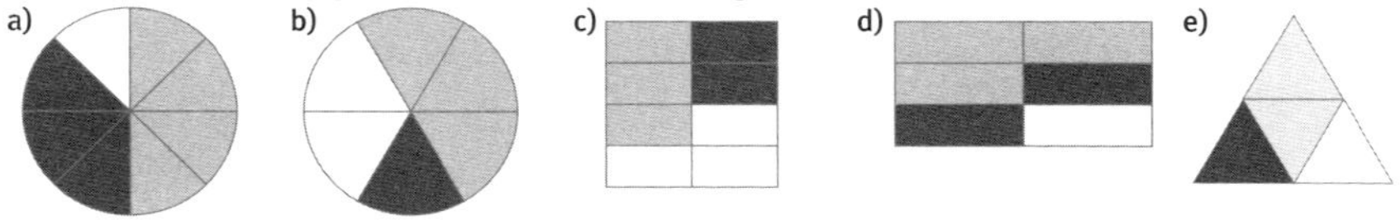

a) $\frac{3}{8} + \frac{4}{8} = \frac{7}{8}$ Es fehlt: $\frac{1}{8}$

b) $\frac{1}{6} + \frac{3}{6} = \frac{4}{6}$ $(= \frac{2}{3})$ Es fehlen: $\frac{2}{6} = \frac{1}{3}$

c) $\frac{2}{8} + \frac{3}{8} = \frac{5}{8}$ Es fehlen: $\frac{3}{8}$

d) $\frac{2}{6} + \frac{3}{6} = \frac{5}{6}$ Es fehlt: $\frac{1}{6}$

e) $\frac{1}{4} + \frac{2}{4} = \frac{3}{4}$ Es fehlt: $\frac{1}{4}$

2 Welche Subtraktion ist dargestellt? Wie viel fehlt dem Ergebnis zum Ganzen?

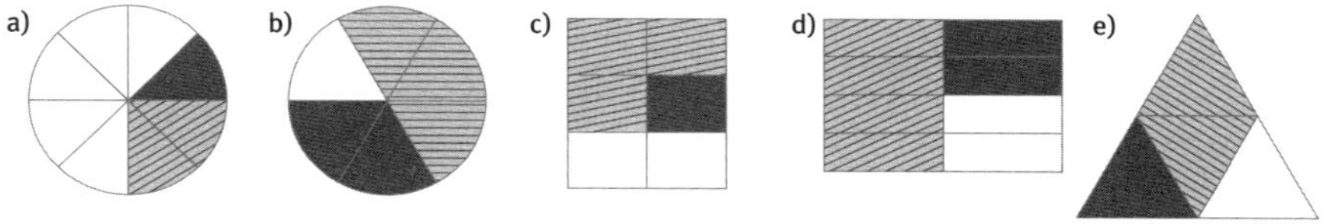

a) $\frac{3}{8} - \frac{2}{8} = \frac{1}{8}$ Es fehlen: $\frac{7}{8}$

b) $\frac{5}{6} - \frac{3}{6} = \frac{2}{6} = \frac{1}{3}$ Es fehlen: $\frac{4}{6} = \frac{2}{3}$

c) $\frac{4}{6} - \frac{3}{6} = \frac{1}{6}$ Es fehlen: $\frac{5}{6}$

d) $\frac{6}{8} - \frac{4}{8} = \frac{2}{8} = \frac{1}{4}$ Es fehlen: $\frac{6}{8} = \frac{3}{4}$

e) $\frac{3}{4} - \frac{2}{4} = \frac{1}{4}$ Es fehlen: $\frac{3}{4}$

3 Veranschauliche die Terme durch Zahlpfeile und berechne ihren Wert.

a) $\frac{3}{10} + \frac{1}{10}$

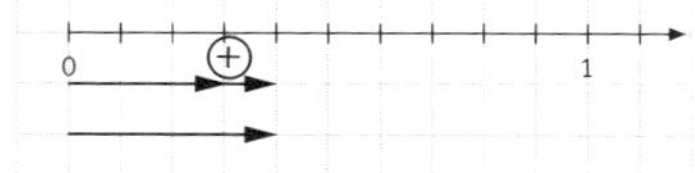

$\frac{3}{10} + \frac{1}{10} = \frac{4}{10}$

b) $\frac{5}{8} + \frac{2}{8}$

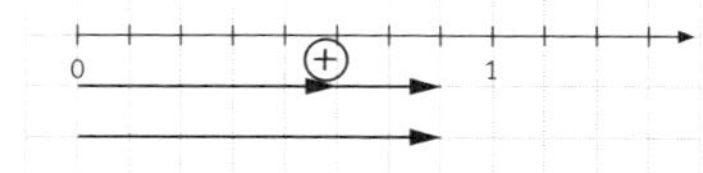

$\frac{5}{8} + \frac{2}{8} = \frac{7}{8}$

c) $\frac{1}{3} + \frac{4}{3}$

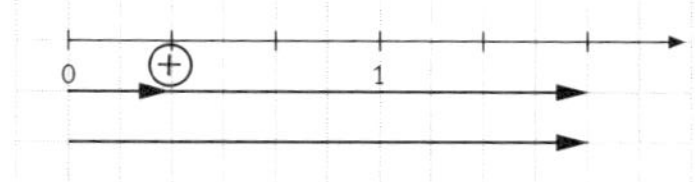

$\frac{1}{3} + \frac{4}{3} = \frac{5}{3} = 1\frac{2}{3}$

d) $1\frac{2}{7} - \frac{3}{7}$

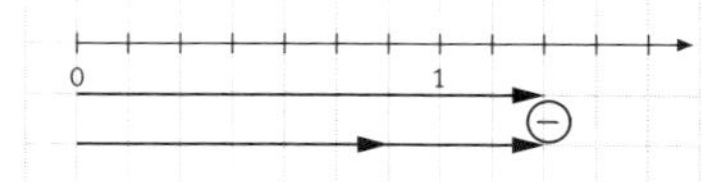

$1\frac{2}{7} - \frac{3}{7} = \frac{6}{7}$

4 Berechne und kürze so weit wie möglich. Schreibe als gemischte oder natürliche Zahl, falls möglich.

a) $\frac{5}{8} - \frac{1}{8} = \frac{4}{8} = \frac{1}{2}$

b) $\frac{1}{2} + \frac{3}{2} = \frac{4}{2} = 2$

c) $\frac{9}{12} - \frac{5}{12} = \frac{4}{12} = \frac{1}{3}$

d) $\frac{7}{9} + \frac{2}{9} = \frac{9}{9} = \frac{1}{1} = 1$

e) $1\frac{5}{6} + 2\frac{1}{6} = 1 + \frac{5}{6} + 2 + \frac{1}{6} = 4$

f) $4\frac{2}{10} - 3\frac{1}{10} = 4 + \frac{2}{10} - 3 - \frac{1}{10} = 1\frac{1}{10}$

1 Veranschauliche die Terme mithilfe von Zahlenpfeilen und berechne den Termwert.

a) $\frac{1}{6}+\frac{1}{3}$

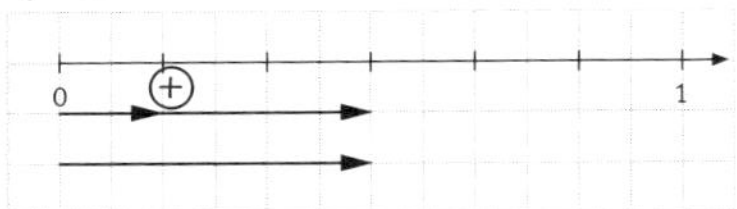

$\frac{1}{6}+\frac{1}{3}=\frac{1}{6}+\frac{2}{6}=\frac{3}{6}=\frac{1}{2}$

b) $\frac{3}{5}-\frac{4}{10}$

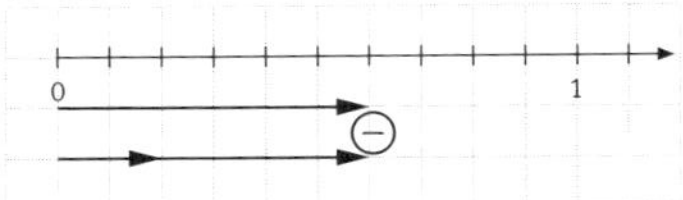

$\frac{3}{5}-\frac{4}{10}=\frac{6}{10}-\frac{4}{10}=\frac{2}{10}=\frac{1}{5}$

c) $\frac{2}{3}+\frac{4}{9}$

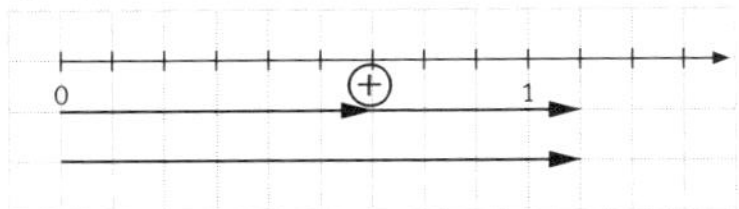

$\frac{2}{3}+\frac{4}{9}=\frac{6}{9}+\frac{4}{9}=\frac{10}{9}=1\frac{1}{9}$

d) $2\frac{1}{4}-1\frac{1}{2}$

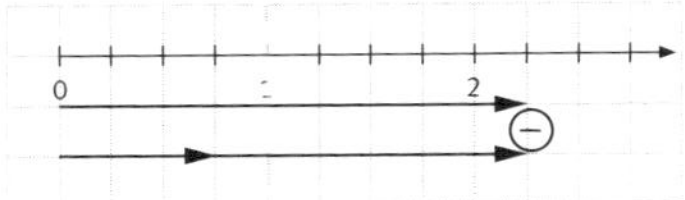

$2\frac{1}{4}-1\frac{1}{2}=\frac{9}{4}-\frac{3}{2}=\frac{9}{4}-\frac{6}{4}=\frac{3}{4}$

2 Vervollständige die Zahlenmauern.

a)

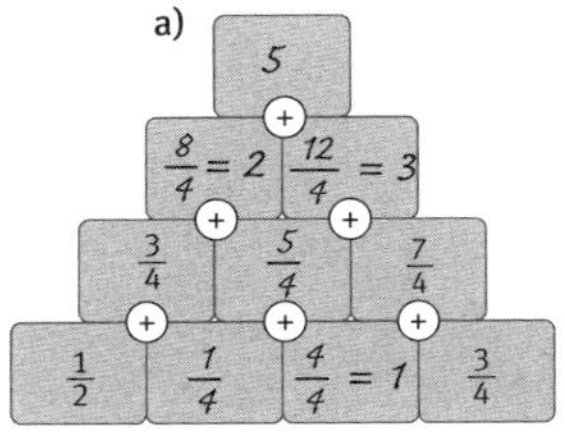

b)

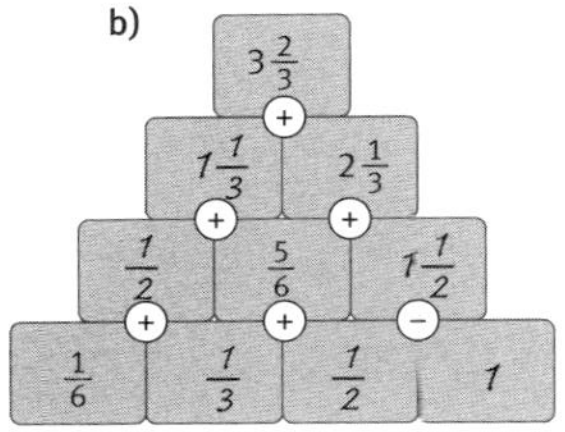

3 Bei jedem magischen Quadrat ist der Summenwert der Zahlen in jeder Zeile, in jeder Spalte und in jeder der beiden Diagonalen jeweils gleich groß.

a) Ergänze die fehlenden Brüche so, dass du ein magisches Quadrat erhältst.

$\frac{1}{2}$	$\frac{1}{24}$	$\frac{11}{24}$
$\frac{7}{24}$	$\frac{1}{3}$	$\frac{3}{8}$
$\frac{5}{24}$	$\frac{5}{8}$	$\frac{1}{6}$

b) Ergänze die fehlenden Brüche so, dass die Summe in jeder Zeile, Spalte und Diagonale den Wert 3 hat.

$\frac{4}{5}$	$\frac{9}{5}$	$\frac{2}{5}$
$\frac{3}{5}$	1	$\frac{7}{5}$
$\frac{8}{5}$	$\frac{1}{5}$	$\frac{6}{5}$

4 Hier stimmt was nicht. Bestimme die richtige Lösung.

a) $\frac{1}{4}+\frac{2}{4}=\frac{3}{8}$ f

$\frac{1+2}{4}=\frac{3}{4}$

b) $2\frac{5}{7}-1\frac{3}{7}=\frac{2}{7}$ f

$\frac{19}{7}-\frac{10}{7}=\frac{9}{7}=1\frac{2}{7}$

c) $3\frac{2}{9}-1\frac{4}{9}=2\frac{2}{9}$ f

$\frac{29}{9}-\frac{13}{9}=\frac{16}{9}=1\frac{7}{9}$

1 Schreibe als Multiplikation und bestimme die Lösung rechnerisch und zeichnerisch.

a)

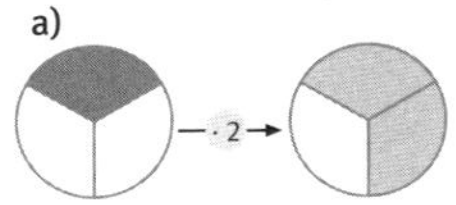

$\frac{1}{3}\cdot 2 = \frac{2}{3}$

b)

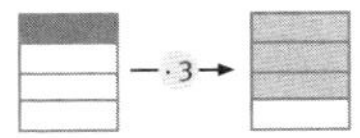

$\frac{1}{4}\cdot 3=\frac{3}{4}$

c)

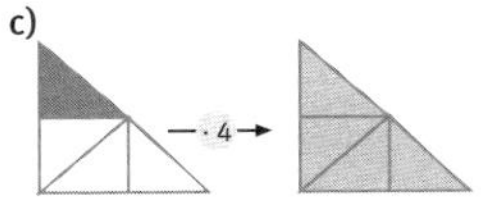

$\frac{1}{4}\cdot 4=\frac{4}{4}=1$

2 Berechne. Kürze so weit wie möglich.

a) $\frac{1}{4}\cdot\frac{8}{9}=\frac{2}{9}$

b) $\frac{2}{7}\cdot\frac{14}{26}=\frac{2}{13}$

c) $\frac{9}{11}\cdot\frac{11}{9}=1$

d) $\frac{24}{45}\cdot\frac{5}{32}=\frac{1}{12}$

e) $\frac{39}{85}\cdot\frac{34}{78}=\frac{1}{5}$

f) $6\frac{7}{8}\cdot\frac{12}{5}=16\frac{1}{2}$

g) $6\cdot\frac{32}{48}=4$

h) $\frac{2}{9}\cdot\frac{3}{4}\cdot\frac{7}{8}\cdot\frac{14}{21}=\frac{7}{72}$

3 Vervollständige die Zahlenmauern.

a)

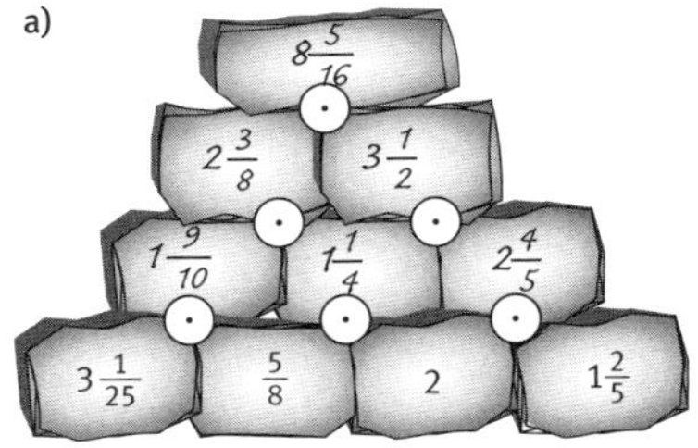

b)

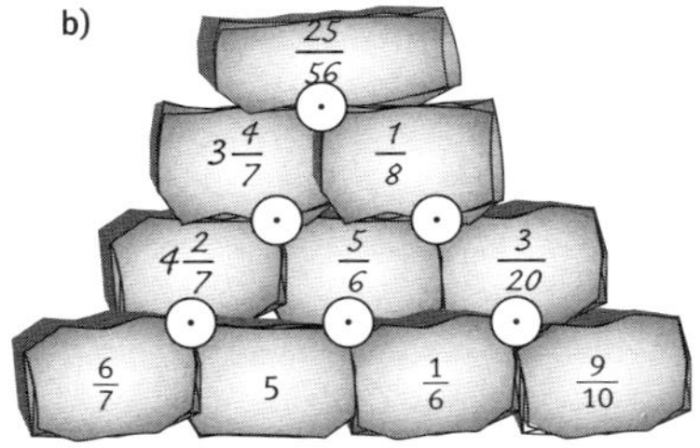

4 Beschreibe in Worten, welche Fehler hier gemacht wurden. Rechne richtig.

a) $\frac{4}{9}\cdot\frac{7}{9}=\frac{4\cdot 7}{9}=\frac{28}{9}=3\frac{1}{9}$ f

Es wurde der gemeinsame Nenner wie bei der Addition beibehalten.

$\frac{4}{9}\cdot\frac{7}{9}=\frac{4\cdot 7}{9\cdot 9}=\frac{28}{81}$

b) $3\cdot\frac{2}{5}=\frac{6}{15}$ f

Die Zahl 3 wurde mit Zähler und Nenner multipliziert.

$3\cdot\frac{2}{5}=\frac{3}{1}\cdot\frac{2}{5}=\frac{6}{5}=1\frac{1}{5}$

c) $4\frac{1}{2}\cdot\frac{4}{9}=4\cdot\frac{1\cdot 4}{2\cdot 9}=4\frac{2}{9}$ f

Die gemischte Zahl steht für $4+\frac{1}{2}$ und nicht $4\cdot\frac{1}{2}$.

$4\frac{1}{2}\cdot\frac{4}{9}=\frac{9}{2}\cdot\frac{4}{9}=\frac{2}{1}=2$

1 Ergänze die fehlenden Angaben.

a) 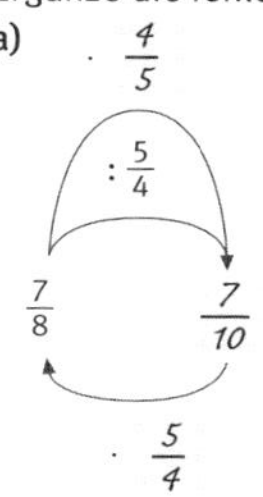

b) 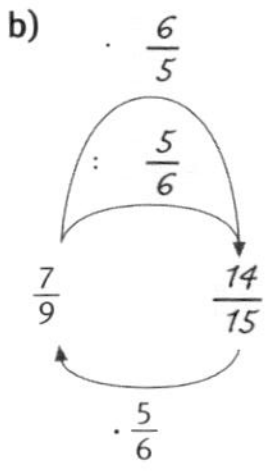

c) 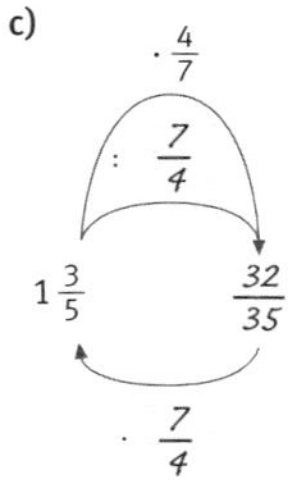

2 Die Abbildungen veranschaulichen Divisionen. Ergänze jeweils die zugehörige Rechnung.

a) 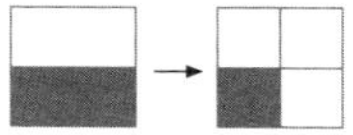

$\frac{1}{2} : 2 = \frac{1}{4}$ *bzw.* $\frac{1}{2} : \frac{2}{1} = \frac{1}{2} \cdot \frac{1}{2} = \frac{1}{4}$

b) 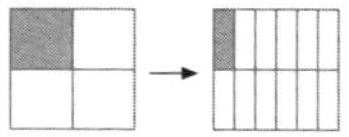

$\frac{1}{4} : 3 = \frac{1}{12}$ *bzw.* $\frac{1}{4} : \frac{3}{1} = \frac{1}{4} \cdot \frac{1}{3} = \frac{1}{12}$

c) 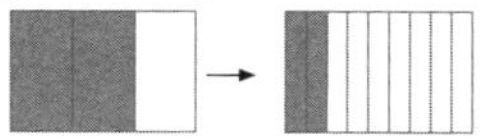

$\frac{2}{3} : 3 = \frac{2}{3} : \frac{3}{1} = \frac{2}{3} \cdot \frac{1}{3} = \frac{2}{9}$

3 Berechne. Schreibe das Ergebnis wenn möglich als gemischte Zahl.

a) $\frac{3}{4} : 7 = \frac{3}{4} : \frac{7}{1} = \frac{3}{4} \cdot \frac{1}{7} = \frac{3}{28}$

$\frac{2}{3} : 5 = \frac{2}{3} : \frac{5}{1} = \frac{2}{3} \cdot \frac{1}{5} = \frac{2}{15}$

$\frac{9}{11} : 12 = \frac{9}{11} : \frac{12}{1} = \frac{\not 9^{3}}{11} \cdot \frac{1}{\not 12_{4}} = \frac{3}{44}$

b) $70 : \frac{28}{5} = \frac{70}{1} : \frac{28}{5} = \frac{\not 70^{5}}{1} \cdot \frac{5}{\not 28_{2}} = \frac{25}{2} = 12\frac{1}{2}$

$56 : \frac{7}{8} = \frac{56}{1} : \frac{7}{8} = \frac{\not 56^{8}}{1} \cdot \frac{8}{\not 7_{1}} = \frac{64}{1} = 64$

$9 : \frac{13}{16} = \frac{9}{1} : \frac{13}{16} = \frac{9}{1} \cdot \frac{16}{13} = \frac{144}{13} = 11\frac{1}{13}$

c) $\frac{72}{18} : \frac{56}{27} = \frac{^{9}\not 72}{_{2}\not 18} \cdot \frac{\not 27^{3}}{\not 56_{7}} = \frac{9 \cdot 3}{2 \cdot 7} = \frac{27}{14} = 1\frac{13}{14}$

$\frac{30}{7} : \frac{10}{35} = \frac{^{3}\not 30}{\not 7} \cdot \frac{\not 35^{5}}{\not 10} = \frac{15}{1} = 15$

$\frac{28}{35} : \frac{7}{5} = \frac{^{4}\not 28}{_{7}\not 35} \cdot \frac{\not 5^{1}}{\not 7_{1}} = \frac{4}{7} = \frac{4}{7}$

4 Lege die sechs Karten [1] [1] [2] [2] [4] [4] so, dass die Rechnung stimmt. Finde drei Möglichkeiten.

Lösungsmöglichkeiten:

$\frac{1}{2} : \frac{1}{2} = \frac{4}{4} = 1$

$\frac{1}{4} : \frac{1}{4} = \frac{2}{2} = 1$

$\frac{2}{4} : \frac{1}{4} = \frac{2}{1} = 2$

5 Hier hat sich wieder der Fehlerteufel eingeschlichen. Beschreibe die Fehler und rechne richtig.

a) $\frac{9}{10} : \frac{3}{10} = \frac{9:3}{10} = \frac{3}{10}$ *f*

Es wurde kein Kehrbruch gebildet und ein Nenner vergessen.

$\frac{9}{10} : \frac{3}{10} = \frac{^{3}\not 9}{_{1}\not 10} \cdot \frac{\not 10^{1}}{\not 3_{1}} = \frac{3}{1} = 3$

b) $4 : \frac{4}{5} = \frac{4:4}{5} = \frac{1}{5}$ *f*

Die ganze Zahl wurde durch die Zahl 4 und 5 dividiert.

$\frac{4}{1} : \frac{4}{5} = \frac{\not 4^{1}}{1} \cdot \frac{5}{\not 4_{1}} = \frac{5}{1} = 5$

c) $\frac{15}{49} : \frac{7}{5} = \frac{15:5}{49:7} = \frac{3}{7}$ *f*

Es wurde der Kehrbruch des Divisors gebildet, dann jedoch weiter dividiert.

$\frac{15}{49} : \frac{7}{5} = \frac{15}{49} \cdot \frac{5}{7} = \frac{75}{343}$

1 Welches der Rechengesetze Kommutativgesetz (KG), Assoziativgesetz (AG) oder Distributivgesetz (DG) wurde bei der Umformung angewendet? Kreuze an.

a) $\frac{5}{6} + \frac{7}{8} = \frac{7}{8} + \frac{5}{6}$ ☒ KG ○ AG ○ DG

b) $2 \cdot \left(\frac{1}{2} - \frac{3}{4}\right) = 2 \cdot \frac{1}{2} - 2 \cdot \frac{3}{4}$ ○ KG ○ AG ☒ DG

c) $\left(3 + \frac{7}{4}\right) + \frac{1}{2} = 3 + \left(\frac{7}{4} + \frac{1}{2}\right)$ ○ KG ☒ AG ○ DG

d) $\frac{4}{9} \cdot \frac{1}{5} + \frac{2}{3} \cdot \frac{1}{5} = \left(\frac{4}{9} + \frac{2}{3}\right) \cdot \frac{1}{5}$ ○ KG ○ AG ☒ DG

e) $\frac{1}{2} \cdot \frac{7}{9} \cdot \frac{4}{5} = \frac{1}{2} \cdot \frac{4}{5} \cdot \frac{7}{9}$ ☒ KG ○ AG ○ DG

f) $\frac{2}{3} \cdot \frac{1}{6} + \frac{3}{4} \cdot \frac{2}{7} = \frac{3}{4} \cdot \frac{2}{7} + \frac{2}{3} \cdot \frac{1}{6}$ ☒ KG ○ AG ○ DG

2 Berechne und nutze wenn möglich Rechenvorteile.

a) $\frac{5}{8} + \frac{1}{3} + \frac{3}{4} = \frac{5}{8} + \frac{3}{4} + \frac{1}{3} = \frac{5}{8} + \frac{6}{8} + \frac{1}{3} = \frac{11}{8} + \frac{1}{3} = \frac{33}{24} + \frac{8}{24} = \frac{41}{24} = 1\frac{17}{24}$

b) $\frac{3}{5} \cdot \frac{4}{7} - \frac{3}{5} \cdot \frac{1}{14} = \frac{3}{5} \cdot \left(\frac{4}{7} - \frac{1}{14}\right) = \frac{3}{5} \cdot \left(\frac{8}{14} - \frac{1}{14}\right) = \frac{3}{5} \cdot \frac{7}{14} = \frac{3}{5} \cdot \frac{1}{2} = \frac{3}{10}$

c) $\left(\frac{4}{9} \cdot 2\frac{1}{2}\right) \cdot \frac{9}{4} = \frac{4}{9} \cdot \frac{9}{4} \cdot 2\frac{1}{2} = 1 \cdot 2\frac{1}{2} = 2\frac{1}{2}$

3 Schreibe zunächst einen Term auf und berechne dann.

a) Addiere die Zahlen $\frac{1}{5}$ und $\frac{3}{2}$ und multipliziere die Summe mit $\frac{5}{9}$.

$\left(\frac{1}{5} + \frac{3}{2}\right) \cdot \frac{5}{9}$

$= \frac{1}{5} \cdot \frac{5}{9} + \frac{3}{2} \cdot \frac{5}{9} = \frac{1}{9} + \frac{15}{18} = \frac{2}{18} + \frac{15}{18}$

$= \frac{17}{18}$

b) Multipliziere die Zahl 5 mit der Differenz von $\frac{7}{10}$ und $\frac{3}{15}$.

$5 \cdot \left(\frac{7}{10} - \frac{3}{15}\right) = \frac{^{1}\not 5}{1} \cdot \frac{7}{\not 10_{2}} - \frac{^{1}\not 5}{1} \cdot \frac{3}{\not 15_{3}}$

$= \frac{7}{2} - \frac{3}{3} = 3\frac{1}{2} - 1$

$= 2\frac{1}{2}$

4 Stimmt das? Markiere die Fehler und korrigiere sie.

a) $\frac{2}{3} + \frac{1}{6} \cdot 5 = \frac{4}{6} + \frac{1}{6} \cdot 5 = \underline{\left(\frac{4+1}{6}\right)} \cdot 5 = \frac{25}{6}$ *f*

$\frac{4}{6} + \frac{5}{6} = \frac{9}{6} = \frac{3}{2} = 1\frac{1}{2}$

b) $\frac{5}{8} \cdot \left(\frac{1}{5} + \frac{3}{4}\right) = \underline{\left(\frac{5}{8} \cdot \frac{1}{5}\right) + \frac{3}{4}} = \frac{1}{8} + \frac{3}{4} = \frac{7}{8}$ *f*

$\frac{5}{8} \cdot \frac{1}{5} + \frac{5}{8} \cdot \frac{3}{4} = \frac{1}{8} + \frac{15}{32} = \frac{4}{32} + \frac{15}{32}$

$= \frac{19}{32}$

c) $\frac{4}{5} \cdot \frac{2}{3} - \frac{1}{6} \cdot \frac{4}{5} = \underline{\frac{4}{5} \cdot \frac{1}{2} \cdot \frac{4}{5}} = \frac{8}{25}$ *f*

$\frac{8}{15} - \frac{4}{30} = \frac{8}{15} - \frac{2}{15}$

$= \frac{6}{15} = \frac{2}{5}$

d) $1\frac{3}{4} - \frac{2}{5} + \frac{1}{2} = \underline{1\frac{3}{4} - \frac{1}{2} + \frac{2}{5}} = 1\frac{1}{4} + \frac{2}{5} = \frac{33}{20}$ *f*

$\frac{7}{4} - \frac{2}{5} + \frac{2}{4} = \frac{7}{4} + \frac{2}{4} - \frac{2}{5}$

$= \frac{9}{4} - \frac{2}{5} = \frac{45}{20} - \frac{8}{20} = \frac{37}{20} = 1\frac{17}{20}$

5 Welche Terme gehören zusammen? Markiere sie mit gleicher Farbe.

■ $\frac{1}{2} + \frac{3}{4} + \frac{1}{2}$	● $\frac{1}{2} \cdot \left(\frac{3}{4} + \frac{1}{2}\right)$	⬢ $\frac{1}{2} \cdot \left(\frac{3}{4} \cdot \frac{1}{2}\right)$	● $\frac{1}{2} \cdot \frac{3}{4} + \frac{1}{2} \cdot \frac{1}{2}$	▲ $\frac{1}{2} \cdot \left(\frac{3}{4} - \frac{1}{2}\right)$
⬢ $\left(\frac{1}{2} \cdot \frac{3}{4}\right) \cdot \frac{1}{2}$	⬬ $\frac{3}{4} \cdot \left(\frac{1}{2} + \frac{1}{2}\right)$	▲ $\frac{1}{2} \cdot \frac{3}{4} - \frac{1}{2} \cdot \frac{1}{2}$	■ $\frac{1}{2} + \frac{1}{2} + \frac{3}{4}$	⬬ $\frac{3}{4} \cdot 1$

1 Untersuche die Lagebeziehungen in der Zeichnung.

a) Ergänze sinnvoll. Wo gibt es mehrere Lösungen? Gib sie alle an.

1 a ∩ b = *{Z}* 2 h *∩* b = *{B}*
3 g *∥* i 4 B ∈ *h; B ∈ b*
5 b *∦* a 6 {E} = *b ∩ g*
7 D ∉ *a; D ∉ b; D ∉ g; D ∉ h; D ∉ i*

b) Wie lauten die Mengen in mathematischer Schreibweise?

1 [ZG ∩ [GZ] = *[GZ]* 2 [ZB] ∪ [EB = *[ZB*

c) Ergänze in der Zeichnung ...

1 eine Gerade k so, dass gilt: k ∥ g und D ∈ k.
2 die Halbgerade m so, dass gilt m = [CD.
3 den Punkt F so, dass gilt: h ∩ a = {F}.

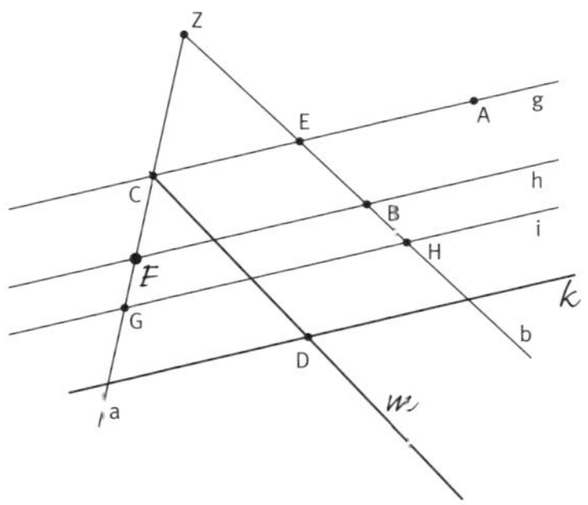

2 Übersetze folgende Kurzschreibweise in Worte und ordne die passende(n) Zeichnung(en) zu.

a) A ∈ BC (Zeichnung *2, 3*): *A liegt auf der Gerade BC.*
b) A ∉ g (Zeichnung *1, 4*): *A liegt nicht auf der Gerade g.*
c) D ∉ AC (Zeichnung *1, 2, 4*): *D liegt nicht auf der Gerade AC.*
d) DA = CB (Zeichnung *3*): *Die Geraden DA und CB sind identisch.*
e) h ∩ g = {E} (Zeichnung *4*): *Die Geraden h und g schneiden sich in E.*

3 Gib die jeweilige Situation in mathematischer Kurzschreibweise an.

Peter befindet sich in der **G**artenstraße (*P ∈ g*). **A**nnastraße und **B**ärenstraße kreuzen sich im **K**arlsplatz (a *∩* b = *{K}*). Der **U**lmenweg verläuft senkrecht zur **G**artenstraße (*u ⊥ g*).

Peter befindet sich nicht in der **B**ärenstraße (*P ∉ b*).

Der **U**lmenweg ist die Parallelstraße zur **A**nnastraße (*u ∥ a*).

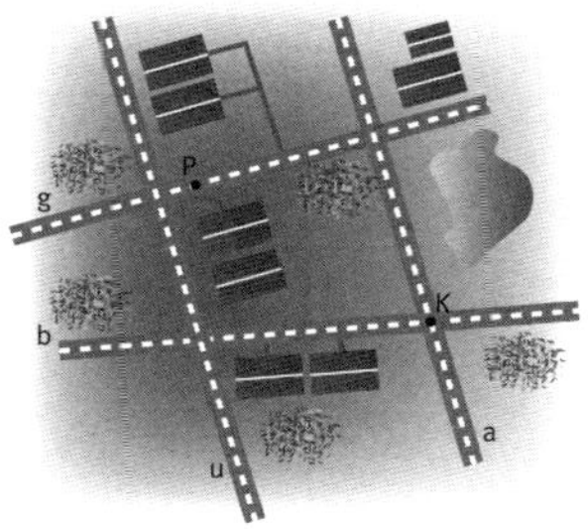

4 Richtig oder falsch? Kreuze die richtigen Folgerungen an.

a) g ∥ h, also gilt g ∩ h = ∅ ☒
b) u ∩ v = {S}, also gilt u ⊥ v ○
c) C ∈ [AB], also gilt AC = BC ☒
d) R ∩ [ST = ∅, also gilt R ∉ ST ○

1 Bestimme den Abstand der Punkte P, Q, R, S und T von der Geraden g.

Punkt	Abstand zu g
P	*3,2 cm*
Q	*0,7 cm*
R	*0 cm*
S	*1,5 cm*
T	*2,5 cm*

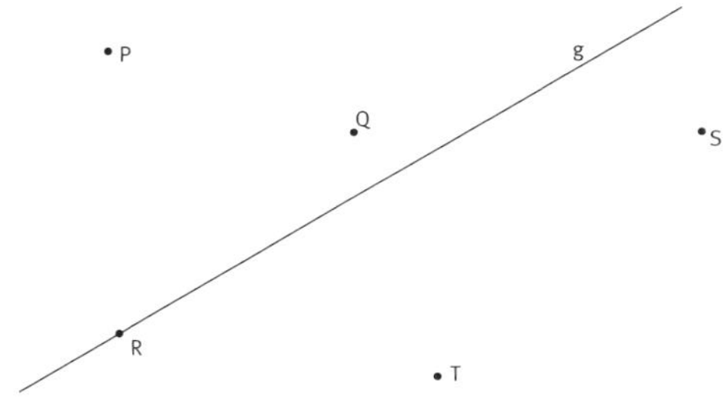

2 Der Kartenausschnitt zeigt eine Gegend in Franken. Bestimme die Luftlinienentfernung zwischen den angegebenen Orten.

von – nach	Karte	Luftlinie
Knetzgau – Lichtenfels	*66 mm*	*39,6 km*
Ebrach – Knetzgau	*28 mm*	*16,8 km*
Bamberg – Lichtenfels	*48 mm*	*28,8 km*
Ebrach – Lichtenfels	*88 mm*	*52,8 km*
Ebrach – Bamberg	*50 mm*	*30,0 km*

3 Gegeben ist das Dreieck ABC. Zeichne jeweils den Abstand der Punkte A, B und C zu den gegenüberliegenden Seiten ein und miss diesen.

Abstand von A zu a: 3,9 cm
Abstand von B zu b: 5,7 cm
Abstand von C zu c: 3,5 cm

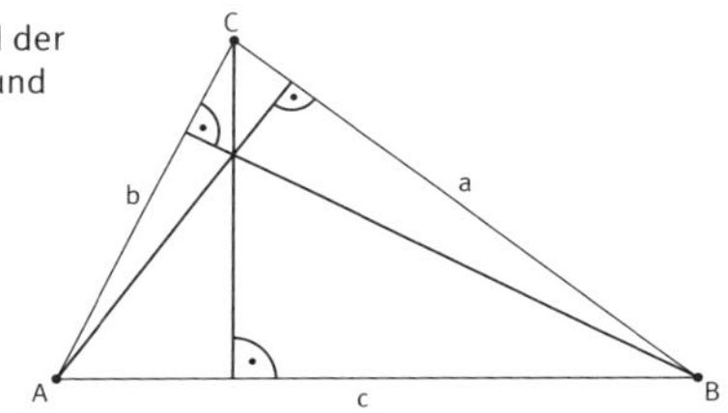

4 Zeichne zu AB und AC jeweils zwei parallele Geraden mit folgendem Abstand.

a) 20 mm

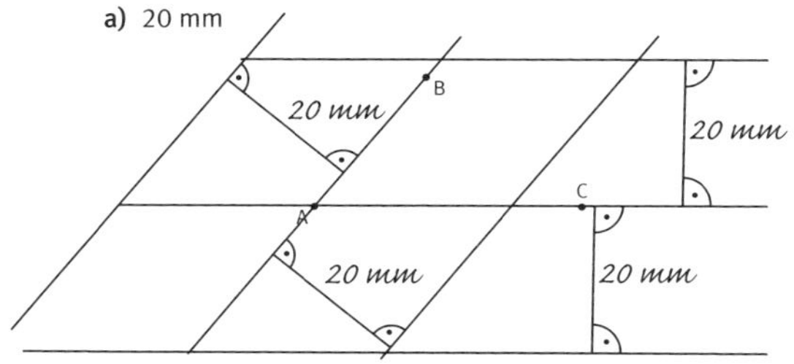

b) 7 mm

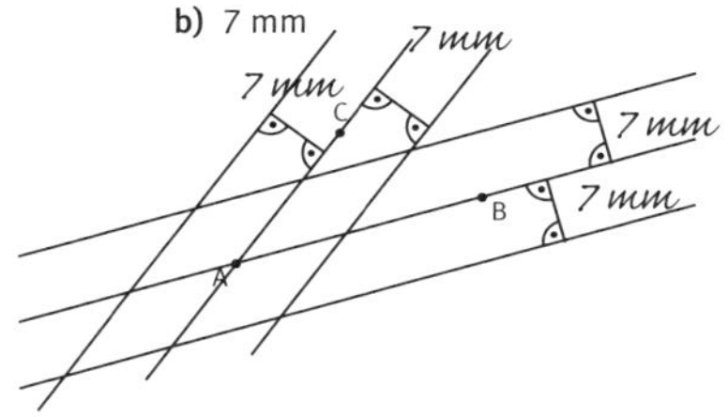

1 Veronika sollte als Hausaufgabe Bilder von Kreisen und Geraden mitbringen, welche die verschiedenen Lagen von Kreis und Gerade darstellen. Benenne die Geraden entsprechend ihrer Lage zum Kreis.

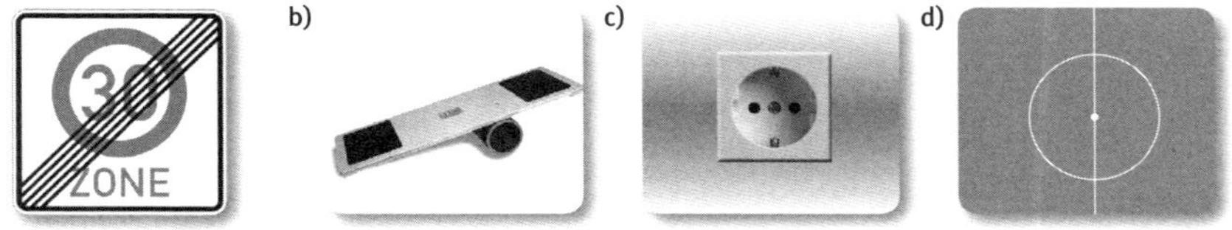

a) *Sekanten* b) *Tangente* c) *Passante* d) *Sekante*

2 Wahr (w) oder falsch (f)?

	w	f
a) Eine Sekante hat keinen Schnittpunkt mit dem Kreis.	○	⊠
b) Eine Tangente hat genau einen Berührpunkt mit dem Kreis.	⊠	○
c) Eine Passante berührt den Kreis genau in einem Punkt.	○	⊠
d) Ein Kreis hat mehr als eine Tangente.	⊠	○
e) Eine Tangente verläuft senkrecht zum Radius.	⊠	○
f) Eine Passante hat keinen Schnittpunkt mit dem Kreis.	⊠	○
g) Der Teil einer Sekante, der durch den Kreis verläuft, heißt Sehne.	⊠	○

3 Zeichne zum gegebenen Kreis k ...

a) eine Tangente t durch den Punkt A.

b) eine Passante p im Abstand von 1 cm zur Tangente aus a).

c) die Sekante s durch den Punkt A, die die längste Sehne erzeugt.

d) von A aus eine 2 cm lange Sehne. Wie viele Möglichkeiten findest du? *2*

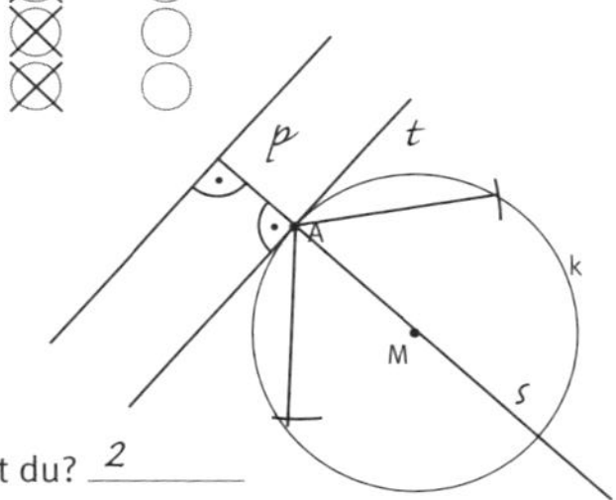

4 Zeichne den Kreis k (M; r = 3 cm) mit M (6|4) und eine Gerade g durch A (3|8) und B (1|4). Gegeben sind weiterhin die Punkte C (5|0) und D (0|5).

a) Gib die Lagebeziehung von k und g an.

g ist Passante zu k.

b) Auf der Gerade BC gibt es einen Punkt D', sodass die Gerade AD' den Kreis k in genau einem Punkt berührt.

D' (*3* | *2*)

c) Findest du noch eine weitere Tangente durch A an den Kreis k? Verwende dein Geodreieck.

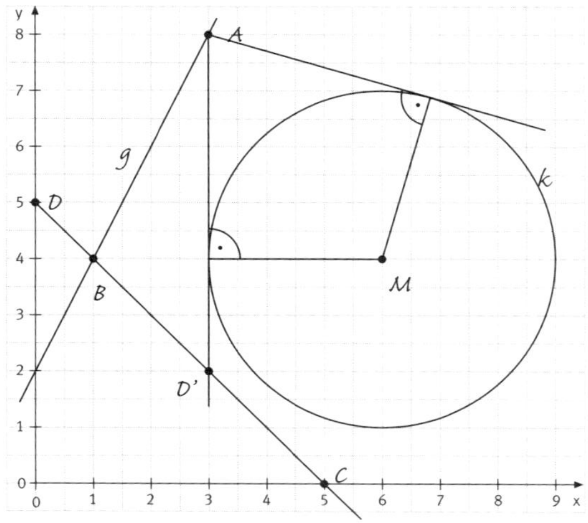

1 Die Gerade k gehört in dieser Zeichnung zur Halbebene $\mathbb{H}_1$.

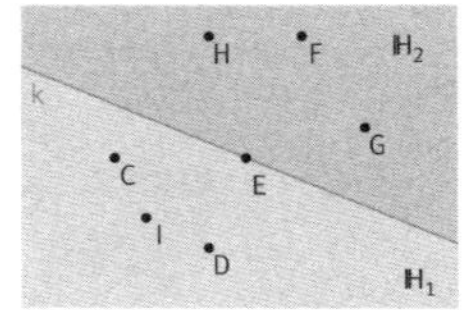

a) In welcher Halbebene liegen die Punkte? Schreibe in Kurzschreibweise.

$C \in \mathbb{H}_1$; $D \in \mathbb{H}_1$; $E \in \mathbb{H}_1$; $I \in \mathbb{H}_1$; $F \in \mathbb{H}_2$; $G \in \mathbb{H}_2$; $H \in \mathbb{H}_2$

b) Wie liegen die Punkte zur Gerade k? Schreibe in Kurzschreibweise.

$C \notin k$; $D \notin k$; $F \notin k$; $G \notin k$; $H \notin k$; $I \notin k$; $E \in k$

c) Die Halbebene *$\mathbb{H}_1$* ist abgeschlossen, die Halbebene *$\mathbb{H}_2$* ist offen.

2 Zeichne die Gerade g durch die Punkte A (4|0) und B (0|2) und die Gerade h durch die Punkte C (8|0) und D (0|4). Durch die Geraden entstehen dabei die vier Halbebenen $\mathbb{H}_1$ (unter g; $g \in \mathbb{H}_1$), $\mathbb{H}_2$ (über g), $\mathbb{H}_3$ (unter h) und $\mathbb{H}_4$ (über h; $h \in \mathbb{H}_4$).

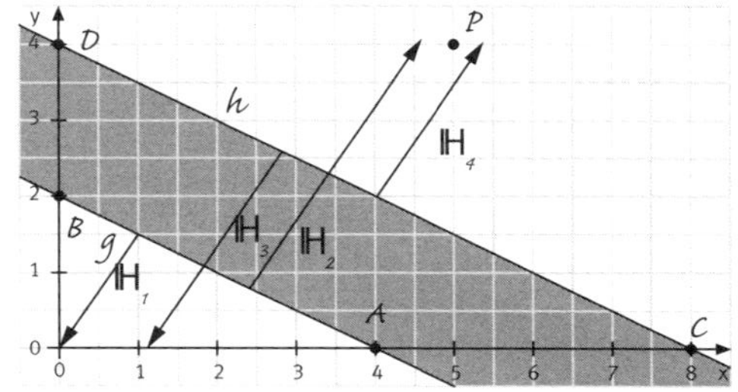

a) Schraffiere die Menge $\mathbb{H}_3 \cap \mathbb{H}_2$.

b) Wo liegt der Punkt P (5|4)? Kreuze die richtigen Aussagen an.

⊠ $P \in \mathbb{H}_2$ ⊠ $P \notin \mathbb{H}_3 \cap \mathbb{H}_2$

○ $P \notin \mathbb{H}_4$ ○ $P \notin \mathbb{H}_4 \cup \mathbb{H}_1$

c) Finde zwei Punkte auf der y-Achse, die in $\mathbb{H}_2$ liegen. *Lösungsmöglichkeiten:*

S_1 (*0* | *3*) S_2 (*0* | *4*)

d) Gibt es einen Punkt, der sowohl in $\mathbb{H}_1$ als auch in $\mathbb{H}_4$ liegt?

$\mathbb{H}_1 \cap \mathbb{H}_4 = \emptyset$

Es gibt keinen Punkt, der sowohl in $\mathbb{H}_1$ und gleichzeitig in $\mathbb{H}_4$ liegt.

3 Hier ist etwas durcheinander geraten. Nummeriere die Bilder passend. Die gesuchten Mengen sind jeweils grau schraffiert.

1 g ∥ h und $\mathbb{H}_1 \cap \mathbb{H}_2$ 2 g ∦ h und $\mathbb{H}_1 \cup \mathbb{H}_2$ 3 g ∥ h und $\mathbb{H}_1 \cup \mathbb{H}_2$

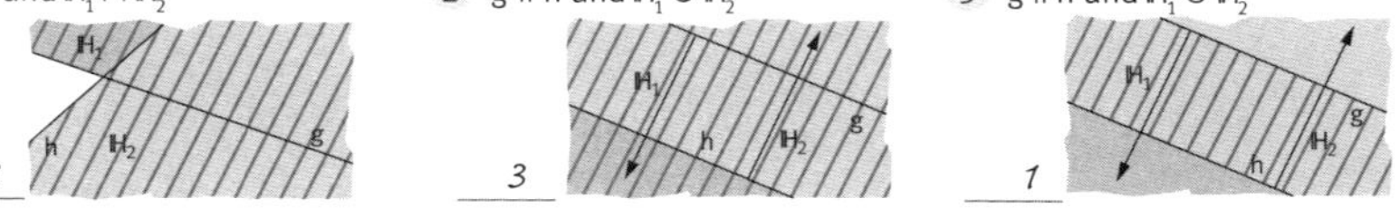

2 *3* *1*

4 Die Randgerade h gehört zur Halbebene $\mathbb{H}_1$.

a) Miss die Abstände der Punkte H, C und G von h. Notiere in Kurzschreibweise.

d (H; h) = 1,8 cm; d (C; h) = 0 cm

d (G; h) = 1,1 cm

b) Füge das richtige Zeichen ein.

1 GE *⊥* h 2 h *⊈* $\mathbb{H}_2$ 3 C *∈* h

4 D *∉* $\mathbb{H}_1$ 5 C *∈* $\mathbb{H}_1$ 6 D *∈* $\mathbb{H}_2$

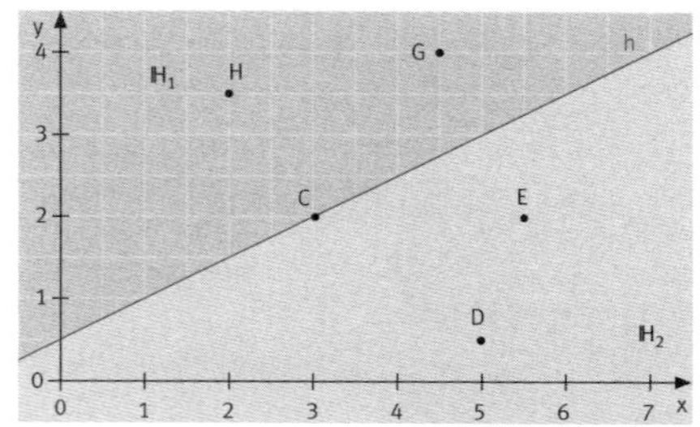

1 Bestimme die Winkelart und das Winkelmaß der abgebildeten Winkel.

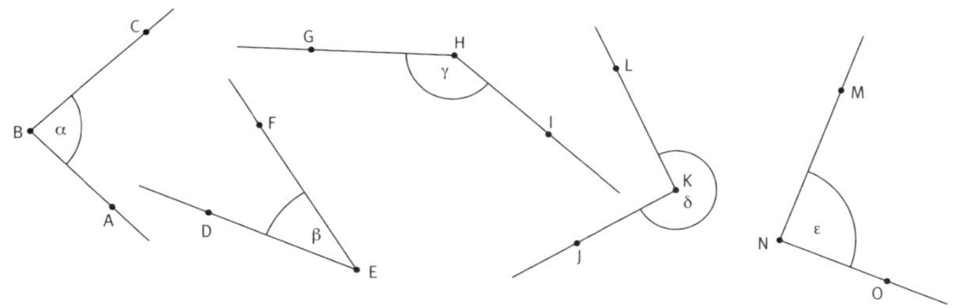

	α	β	γ	δ	ε
Winkelart	*spitzer*	*spitzer*	*stumpfer*	*überstumpfer*	*rechter*
Winkelmaß	*85°*	*35°*	*142°*	*267°*	*90°*
Bezeichnung	*∢ABC*	*∢ FED*	*∢ GHI*	*∢ JKL*	*∢ ONM*

2 Zeichne folgende Winkel: α = 46°; β = 75°; γ = 170°; δ = 225°; ε = 290°

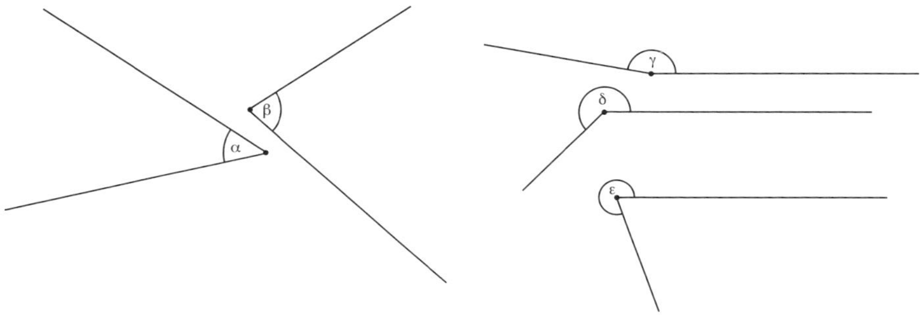

3 Setze die Zeichnungen bis zum Rand bzw. um mindestens neun Schritte fort.

a)

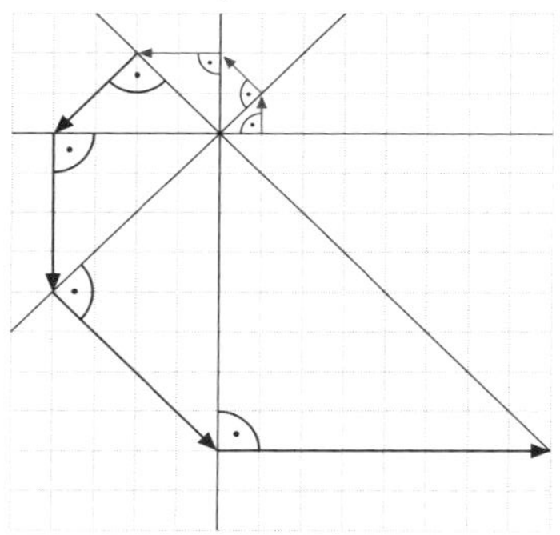

b)

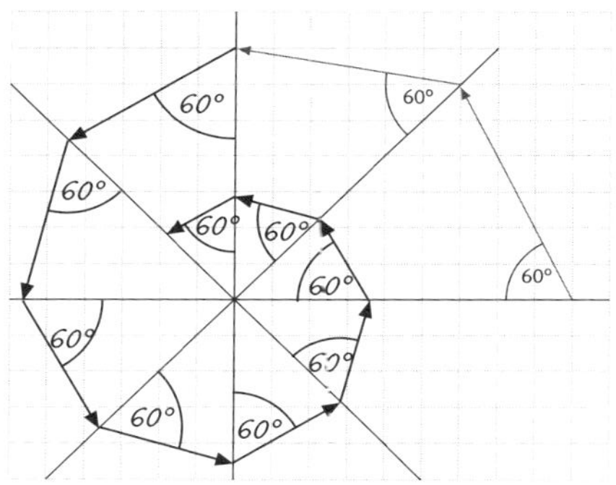

1 Bestimme die fehlenden Winkelmaße (die Zeichnungen sind nicht maßstäblich).

a)

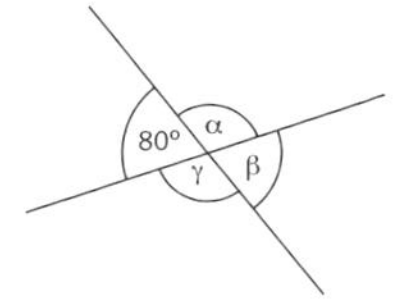

α = *100°*
β = *80°*
γ = *100°*

b)

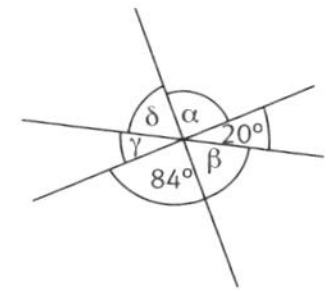

α = *84°*
β = *76°*
γ = *20°* δ = *76°*

c)

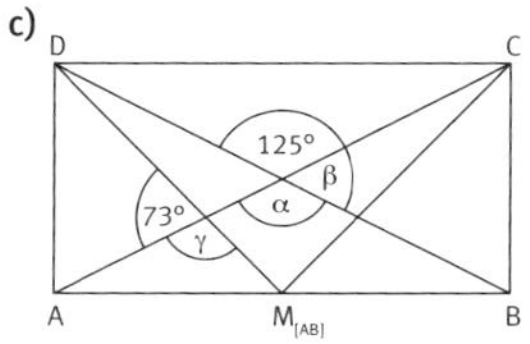

α = *125°*
β = *55°*
γ = *107°*

2 Welche Aussagen treffen für die nebenstehende Zeichnung zu? Kreuze an.

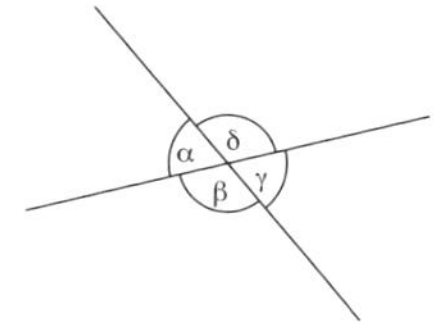

- [x] β und δ bzw. α und γ sind immer gleich groß.
- [ ] Es können nie alle vier Winkel maßgleich sein.
- [x] Wenn α = 90° ist, dann sind alle Winkel gleich groß.
- [x] Nebenwinkel ergänzen sich zu 180°.
- [ ] Wenn γ = 80° ist, dann ist δ doppelt so groß wie γ.
- [x] Ist α = 60°, dann ist β doppelt so groß wie α.
- [x] Gegenüberliegende Winkel sind maßgleich und heißen Scheitelwinkel.

3 Zwei Geraden g und h schneiden sich in A. Der Schittwinkel hat das Maß α, sein Nebenwinkel das Maß β. α soll dreimal so groß sein wie β. Berechne die Winkelmaße und vervollständige die Zeichnung.

α + β = 180°

3β + β = 4β = 180°

β = 45°

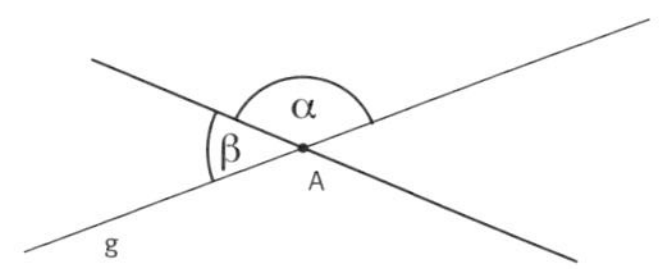

α = *135°* β = *45°*

4 Untersuche die Flaggen auf Neben-und Scheitelwinkel. Miss mit deinem Geodreieck die Winkel. Verlängere dafür die entsprechenden Schenkel. *Lösungsmöglichkeit:*

a)

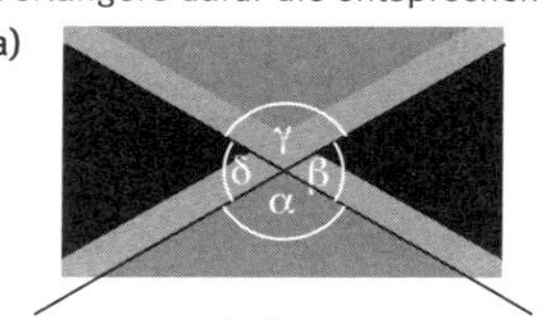

α = 118° β = 62°
γ = 118° δ = 62°

b)

α = 108° β = 72°
γ = 108° δ = 72°

c)

α = 120° β = 60°
γ = 120° δ = 60°

1 Beschrifte zunächst die Zeichnung anhand der Farben und fülle anschließend die Lücken im Text.

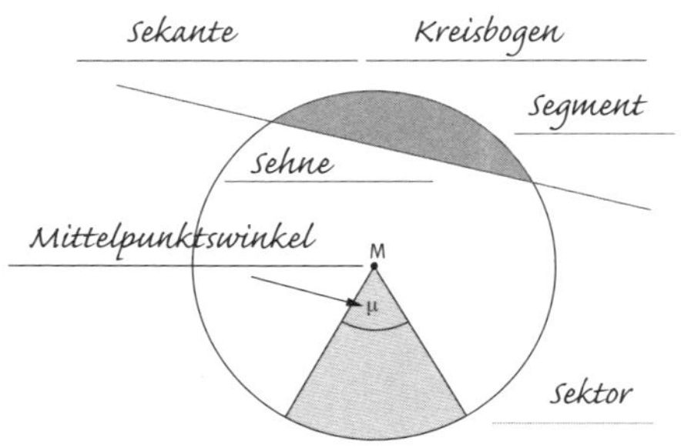

Durch eine *Sekante* wird ein Kreis in zwei *Segmente* geteilt. Kreissegmente werden durch eine *Sehne* und einen *Kreisbogen* begrenzt. Ein Kreis wird durch zwei Radien in *Sektoren* geteilt. Die Größe des *Sektors* ist durch das Maß des *Mittelpunktswinkels* μ bestimmt. Ein *Kreisbogen* ist durch zwei Radien und einen *Kreissektor* begrenzt.

2 Unten siehst du Bilder aus dem täglichen Leben, in denen Kreissektoren vorkommen. Miss für die auftretenden Sektoren jeweils die Mittelpunktswinkel.

a)
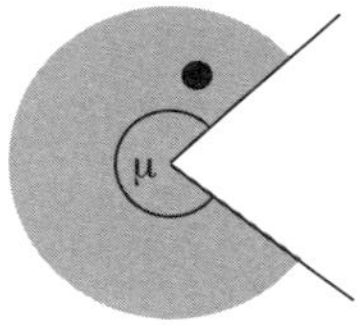

μ = *280°*

b)
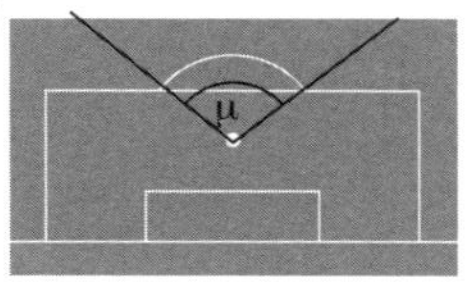

μ = *101°*

c)
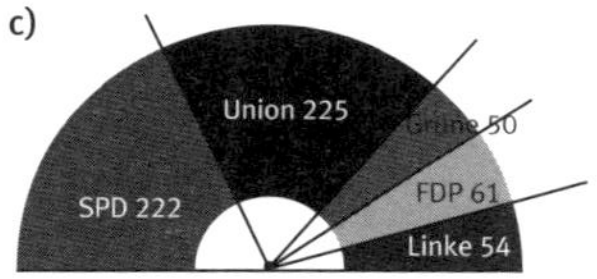

μ_{SPD} = *65°* μ_{Union} = *66°*

$\mu_{Grüne}$ = *15°* μ_{FDP} = *18°*

μ_{Linke} = *16°*

65° + 66° + 15° + 18° + 16° = 180°

3 Ergänze jeweils die Zeichnung wie dargestellt. Bestimme anschließend das Maß des Winkels PMQ und trage es in die Zeichnung ein.

a) r = 4 cm; s = 5 cm

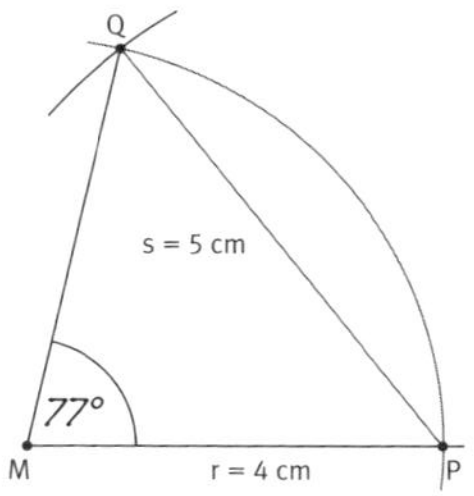

b) r = 5 cm; s = 5 cm

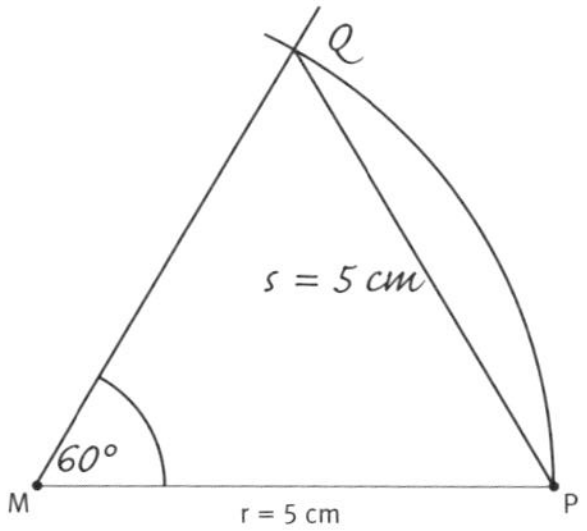

c) r = 4 cm; s = 3 cm

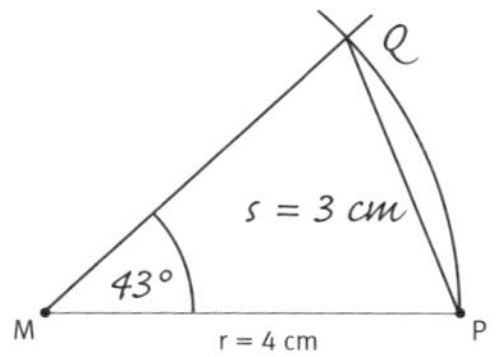

1 Trage die folgenden Zahlen in die Stellenwerttafel ein.

a) $\frac{75}{100}$ b) 2,567 c) $\frac{19}{1000}$ d) 12,092 e) 9,0909 f) 0,405

	Bruch	Z	E	z	h	t	zt	Dezimalzahl
a)	$\frac{75}{100}$		0,	7	5			0,75
b)	$\frac{2567}{1000}$		2,	5	6	7		2,567
c)	$\frac{19}{1000}$		0,	0	1	9		0,019
d)	$\frac{12\,092}{1000}$	1	2,	0	9	2		12,092
e)	$\frac{90\,909}{10\,000}$		9,	0	9	0	9	9,0909
f)	$\frac{405}{1000}$		0,	4	0	5		0,405

2 Male Karten, die zusammengehören, mit derselben Farbe aus.

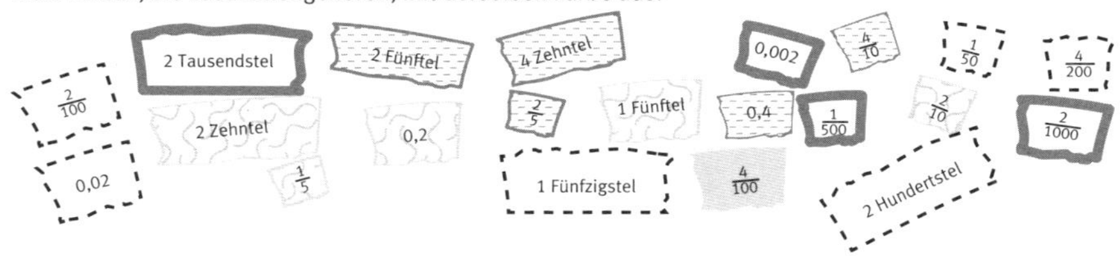

3 Welche Dezimalzahlen sind auf dem Ausschnitt der Zahlenhalbgerade markiert?

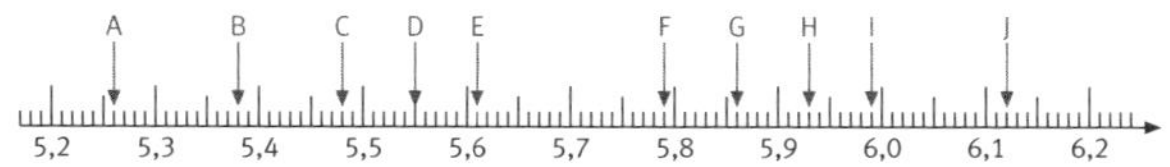

A: *5,26* B: *5,38* C: *5,48* D: *5,55* E: *5,61* F: *5,79* G: *5,86* H: *5,93* I: *5,99* J: *6,12*

4 Schreibe als Bruch. Kürze danach so weit wie möglich.

a) $0{,}25 = \frac{25}{100} = \frac{1}{4}$ b) $0{,}02 = \frac{2}{100} = \frac{1}{50}$ c) $0{,}15 = \frac{15}{100} = \frac{3}{20}$

d) $0{,}36 = \frac{36}{100} = \frac{9}{25}$ e) $0{,}125 = \frac{125}{1000} = \frac{1}{8}$ f) $0{,}628 = \frac{628}{1000} = \frac{157}{250}$

g) $0{,}82 = \frac{82}{100} = \frac{41}{50}$ h) $0{,}60 = \frac{60}{100} = \frac{3}{5}$ i) $0{,}248 = \frac{248}{1000} = \frac{31}{125}$

5 Schreibe als Dezimalzahl.

a) $\frac{81}{100}$ = *0,81* b) $\frac{3}{10}$ = *0,3* c) $\frac{815}{1000}$ = *0,815* d) $\frac{1}{2}$ = *0,5*

e) $\frac{5}{25}$ = *0,2* f) $\frac{3}{50}$ = *0,06* g) $\frac{3}{20}$ = *0,15* h) $\frac{100}{125}$ = *0,8*

1 Setze <, > oder = ein.

a) 3,42 (>) 3,24 b) 1,31 (<) 1,311 c) 6,2202 (<) 6,222 d) 2,022 (<) $2\frac{22}{100}$

0,99 (=) $\frac{99}{100}$ $\frac{1}{4}$ (<) 0,35   0,005 (=) $\frac{5}{1000}$ 0,129 (<) 0,13

5,68 (<) $\frac{568}{10}$ $\frac{87}{10}$ (>) 0,87   6,339 (>) 6,239   14,270 (=) 14,27

2 Ordne die Dezimalbrüche der Größe nach. Beginne mit dem kleinsten.

a)	1,320	1,232	1,230	1,323	1,233
Reihenfolge	4	2	1	5	3
b)	9,909	9,099	9,999	9,090	9,009
Reihenfolge	4	3	5	2	1
c)	22,220	2,202	22,202	22,002	2,002
Reihenfolge	5	2	4	3	1
d)	1,44	1,404	1,444	1,004	1,4
Reihenfolge	4	3	5	1	2

3 Markiere Zahlen mit dem gleichen Wert in jeweils gleicher Farbe.

0,25 $\frac{1}{40}$ 0,2500 $2\frac{1}{2}$ $\frac{1}{4}$ $\frac{25}{10}$

2,5   0,0250   0,250   0,025   2,50

4 Bestimme vier Dezimalbrüche, die zwischen den angegebenen liegen. *Lösungsmöglichkeiten:*

a) 2,401 < *2,402* ; *2,403* ; *2,404* ; *2,405* < 2,411

b) 0,0075 < *0,00755* ; *0,0076* ; *0,00765* ; *0,00768* < 0,0077

c) 12,01 < *12,011* ; *12,0113* ; *12,019* ; *12,0198* < 12,02

5 Ordne die Ziffernkärtchen [,] [0] [4] [0] [7] [9] so an, dass …

a) eine möglichst große Zahl entsteht. *9 7 4 0 , 0*

b) eine möglichst kleine Zahl entsteht. *0 , 0 4 7 9*

c) eine Zahl möglichst nahe bei 1 entsteht. *0 , 9 7 4 0*

d) eine Zahl möglichst nahe bei 4 entsteht. *4 , 0 0 7 9*

Hinweis: Beachte, dass die Zahl nicht mit einem Komma enden soll.

1 Runde die Dezimalbrüche auf die angegebenen Stellen.

	Dezimalbruch	Einer	Zehntel	Hundertstel	Tausendstel
a)	0,5489	*1*	*0,5*	*0,55*	*0,549*
b)	23,56672	*24*	*23,6*	*23,57*	*23,567*
c)	1,6464	*2*	*1,6*	*1,65*	*1,646*
d)	5,2355	*5*	*5,2*	*5,24*	*5,236*
e)	19,9795	*20*	*20,0*	*19,98*	*19,980*

2 Nenne fünf Dezimalbrüche, die zwischen … *Lösungsmöglichkeiten:*

a) 1,3 und 1,5 liegen.
1,31; 1,32; 1,33; 1,34; 1,35

b) 1,32 und 1,33 liegen.
1,321; 1,322; 1,323; 1,324; 1,325

c) 5,98 und 5,99 liegen.
5,981; 5,982; 5,983; 5,984; 5,985

d) 55,291 und 55,292 liegen.
55,2911; 55,2912; 55,2913; 55,2914; 55,2915

3 Gib alle Dezimalbrüche mit zwei Stellen nach dem Komma an, die beim Runden auf Zehntel die angegebene Zahl ergeben.

a) 3,2: *3,15; 3,16; 3,17; 3,18; 3,19; 3,20; 3,21; 3,22; 3,23; 3,24*

b) 13,4: *13,35; 13,36; 13,37; 13,38; 13,39; 13,40; 13,41; 13,42; 13,43; 13,44*

c) 8,6: *8,55; 8,56; 8,57; 8,58; 8,59; 8,60; 8,61; 8,62; 8,63; 8,64*

d) 143,9: *143,85; 143,86; 143,87; 143,88; 143,89; 143,90; 143,91; 143,92; 143,93; 143,94*

e) 81,7: *81,65; 81,66; 81,67; 81,68; 81,69; 81,70; 81,71; 81,72; 81,73; 81,74*

4 Runde sinnvoll.

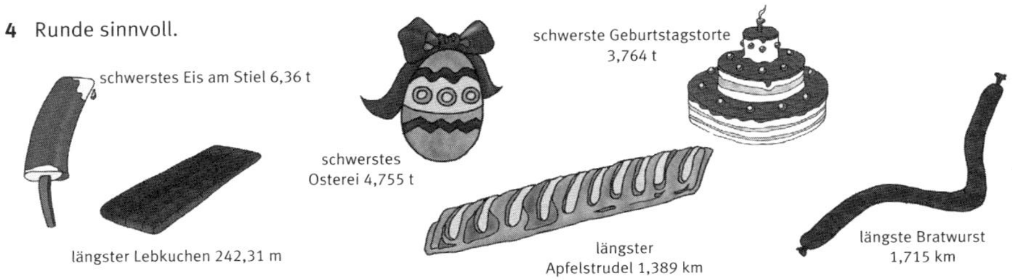

längster Lebkuchen: *242 m (240 m)*   schwerstes Osterei: *4,8 t (5 t)*

längste Bratwurst: *1,7 km (2 km)*   längster Apfelstrudel: *1,4 km*

schwerste Geburtstagstorte: *3,8 t (4 t)*   schwerstes Eis am Stiel: *6,4 t (6 t)*

1 Berechne.

a) 0,3518 + 9,5704 + 2,0098 = *11,9320*

b) 52,93 + 137,52 + 23,64 = *214,09*

c) 538,16 + 579,00 + 6,63 = *1123,79*

d) 43,910 − 7,657 − 14,355 = *21,898*

e) 789,50 − 661,92 − 78,50 = *49,08*

2 Suche jeweils zwei Karten, deren Summe eine natürliche Zahl ergibt, und markiere sie mit gleicher Farbe.

3 Berechne.

a) 34,745 + 78,49 + 4,148 = *117,383*

b) 25,9 + 20,72 + 104,206 + 0,33 = *151,156*

c) 45,63 − 11,8 − 8,008 − 1 = *24,822*

4 Welche Aufgabe passt zum Ergebnis? Kreuze an. Es können auch mehrere Antworten richtig sein.

a)	◯ 0,02 + 2 − 0,2	☒ 2,02 − 0,2 − 0,02	◯ 0,22 − 0,02 + 2	= 1,8
b)	☒ 0,95 + 1,1 − 1,05	☒ 2,42 + 1,65 − 3,07	◯ 10,4 − 9,3 + 0,2	= 1
c)	☒ 15,25 − 14,98 + 0,48	◯ 5,35 + 0,25 − 4,75	☒ 0,05 + 3,7 − 3	= 0,75

5 Welcher Laster gehört zum jeweiligen Parkplatz? Ordne zu. Rechne auf einem Extrablatt.

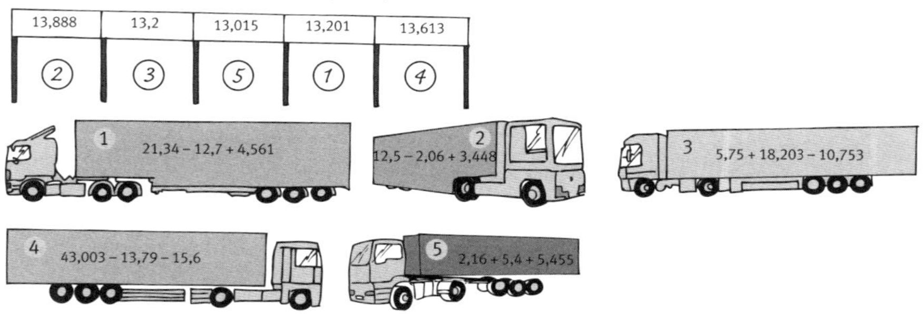

1 Gib das Ergebnis an.

	· 100	· 10 000	· 0,1	· 0,001
214,2015	*21 420,15*	*2 142 015*	*21,42015*	*0,2142015*
35,76	*3576*	*357 600*	*3,576*	*0,03576*
1,8	*180*	*18 000*	*0,18*	*0,0018*
0,03	*3*	*300*	*0,003*	*0,00003*

2 Berechne.

a) 3,15 · 4,9 = *15,435*

b) 0,75 · 12 = *9,00*

c) 135,67 · 8,03 = *1089,4301*

d) 21,55 · 4,45 = *95,8975*

e) 17,07 · 0,43 = *7,3401*

f) 56,78 · 17,5 = *993,650*

3 Multipliziere jeweils die größte mit der kleinsten Zahl. Runde das Ergebnis auf Einer und Zehntel.

a) 0,45; 0,238; 0,079; 0,05

0,45 · 0,05 = 0,0225

auf Einer: *0*

auf Zehntel: *0,0*

b) 1,555; 155,5; 1555; 15,55

1555 · 1,555 = 2418,025

auf Einer: *2418*

auf Zehntel: *2418,0*

c) 0,4302; 4,32; 23,4; 4,3

23,4 · 0,4302 = 10,06668

auf Einer: *10*

auf Zehntel: *10,1*

4 Berechne. Die Lösungen ergeben ein Lösungswort: *Ich bin ein Rechen-KÖNIG*.

7,0825 · 3 = *21,2475*	4,8 · 0,1 = *0,48*	0,3 · 0,2 = *0,06*	21,5 · 1,25 = *26,875*
A 212,475 (K) 21,2475 U 2,12475 S 21,2457	A 4,8 U 48 (Ö) 0,48 T 0,048	M 0,6 S 0,05 (N) 0,06 A 0,5	(IG) 26,875 R 2,6875 UL 28,675 D 28,765

1 Ordne jedem Term den richtigen Wert zu.

a) 114,27 : 100 — 1,1427 (Auswahl: 1,1427; 11 427; 0,11427)

b) 0,25 : 1000 — 0,00025 (Auswahl: 25; 250; 0,00025)

c) 10,07 : 10 — 1,007 (Auswahl: 100,7; 1,007; 0,1007)

2 Die obere Rechnung ist gegeben. Bestimme im Kopf die Werte der anderen Terme.

a) 328,62 : 3 = 109,54	b) 8,505 : 15 = 0,567	c) 28,84 : 28 = 1,03	d) 0,04 : 20 = 0,002
32,862 : 3 = *10,954*	85,05 : 15 = *5,67*	0,2884 : 28 = *0,0103*	4 : 20 = *0,2*
32 862 : 3 = *10 954*	0,8505 : 15 = *0,0567*	288,4 : 28 = *10,3*	0,4 : 20 = *0,02*
0,32862 : 3 = *0,10954*	850,5 : 15 = *56,7*	28 840 : 28 = *1030*	0,0004 : 20 = *0,00002*

3 Berechne.

a) 22,5 : 5 = *4,5*
−20, 25, −25, 0

b) 25,85 : 11 = *2,35*
−22, 38, −33, 55, −55, 0

c) 126,72 : 18 = *7,04*
−126, 07, −0, 72, −72, 0

d) 0,54 : 12 = *0,045*
−0, 05, −0, 54, −48, 60, −60, 0

4 Berechne jeweils den Preis für eine Flasche (alle Angaben ohne Pfand).

a)

4,74 € : 6 = 0,79 €

b)

10,80 € : 24 = 0,45 €

c)

11,80 € : 20 = 0,59 €

d)

10,32 € : 12 = 0,86 €

1 Berechne.

a) 2,25 : 1,5
22,5 : 15 = 1,5
−15, 75, −75, 0

b) 15,8 : 0,4
158 : 4 = 39,5
−12, 38, −36, 20, −20, 0

c) 73,05 : 1,5
730,5 : 15 = 48,7
−60, 130, −120, 105, −105, 0

d) 17,1 : 0,25
1710 : 25 = 68,4
−150, 210, −200, 100, −100, 0

2 Wähle jeweils den Dividenden und Divisor so aus, dass du das zugehörige Ergebnis des Quotienten findest. Markiere zusammengehörende Felder in gleicher Farbe (jedes Feld nur ein Mal!).

Dividend			Divisor			Ergebnis des Quotienten		
0,5	0	0,0027	0,000006	12,05	8,8	0,01	100 000	100
8,8	27	4,5	0,27	0,005	9,9	10	10	1000
0,5	0,99	0,006	0,05	0,45	0,00027	0,1	0	1

3 Bestimme die fehlende Zahl.

a) Dividiere 4,801 durch 0,2.
4,801 : 0,2
= 48,01 : 2 = 24,005
−4, 08, −8, 0010, −10, 0

b) Durch welche Zahl muss man 2,4 dividieren, um 4,8 zu erhalten?
2,4 : x = 4,8
Umkehrung:
2,4 : 4,8 = x
x = 0,5

c) Mit welcher Zahl muss man 3,2 multiplizieren, um 16,32 zu erhalten?
3,2 · x = 16,32
Umkehrung:
16,32 : 3,2 = x
x = 5,1

4 Beschreibe den Fehler in Worten und korrigiere ihn.

a) 0,035 · 100 = 0,00035 *f*
Es wurde durch 100 dividiert.
0,035 · 100 = 3,5

b) 21,35 : 7 = 3,5 *f*
Es wurde die Zehntelstelle vergessen.
21,35 : 7 = 3,05

c) 56 : 0,8 = 0,7 *f*
Das Komma wurde falsch verschoben.
56 : 0,8
= 560 : 8 = 70

1 Ist der Dezimalbruch endlich (e), reinperiodisch (r) oder gemischtperiodisch (g)? Kreuze an.

a) $1,\overline{451}$ ◯ e ☒ r ◯ g
b) $1,4\overline{51}$ ◯ e ◯ r ☒ g
c) $1,451$ ☒ e ◯ r ◯ g
d) $1,45\overline{1}$ ◯ e ◯ r ☒ g

2 Welcher Dezimalbruch gehört zu welchem echten Bruch? Ordne zu.

$0,\overline{1}$ | $0,1\overline{6}$ | $0,\overline{5}$ | $0,\overline{09}$ | $0,\overline{3}$ | $0,8$ | $0,375$ | $0,\overline{01}$ | $0,75$ | $0,0\overline{1}$

a) $\frac{1}{3} = 0,\overline{3}$ b) $\frac{1}{9} = 0,\overline{1}$ c) $\frac{4}{5} = 0,8$ d) $\frac{1}{6} = 0,1\overline{6}$ e) $\frac{3}{4} = 0,75$

f) $\frac{1}{11} = 0,\overline{09}$ g) $\frac{1}{90} = 0,0\overline{1}$ h) $\frac{5}{9} = 0,\overline{5}$ i) $\frac{3}{8} = 0,375$ j) $\frac{1}{99}$ $0,\overline{01}$

3 a) Bestimme jeweils die fehlenden Werte.

$\frac{2}{90}$	$\frac{3}{90}$	$\frac{4}{90}$	$\frac{5}{90}$	…	$\frac{8}{90}$	$\frac{9}{90}$	$\frac{10}{90}$	$\frac{11}{90}$	…	$\frac{18}{90}$	$\frac{19}{90}$	$\frac{20}{90}$	$\frac{21}{90}$
$0,0\overline{2}$	$0,0\overline{3}$	$0,0\overline{4}$	$0,0\overline{5}$	…	$0,0\overline{8}$	$0,10$	$0,\overline{1}$	$0,1\overline{2}$	…	$0,2$	$0,2\overline{1}$	$0,\overline{2}$	$0,2\overline{3}$

b) Nach welcher Gesetzmäßigkeit lassen sich die Dezimalbrüche bei a) bestimmen? Kreuze an.
◯ Man ordnet immer die letzte Ziffer des Nenners unter der Hundertstelstelle unter der Periode an.
☒ Die Zehntelstelle gibt an, wie oft der Nenner durch 9 teilbar ist. Die Periode an der Hundertstelstelle gibt an, welcher Rest bei dieser Division durch 9 übrig bleibt.
◯ Wird der Nenner um 1 erhöht, dann wird auch die Ziffer unter der Periode immer um 1 erhöht.

4 Wandle in einen Dezimalbruch um.

a) $\frac{3}{16} = 0,1875$ b) $\frac{5}{12} = 0,41\overline{6}$ c) $\frac{7}{11} = 0,\overline{63}$

5 Setze <, > oder = ein.

a) $0,\overline{3}$ (>) $0,3$
$0,\overline{3}$ (=) $\frac{1}{3}$
$0,\overline{3}$ (>) $0,33$
$0,\overline{3}$ (<) $0,34$

b) $1,01$ (<) $1,\overline{01}$
$1,0\overline{1}$ (>) $1,\overline{01}$
$1,01$ (<) $1,0\overline{1}$
$\frac{100}{99}$ (=) $1,\overline{01}$

c) $2,17$ (<) $2,1\overline{7}$
$2,178$ (>) $2,1\overline{7}$
$2,\overline{17}$ (<) $2,1\overline{7}$
$2,\overline{17}$ (=) $2\frac{17}{99}$

d) $0,09$ (<) $0,\overline{9}$
$0,\overline{09}$ (<) $0,091$
$0,\overline{9}$ (>) $0,\overline{89}$
$0,\overline{9}$ (>) $1 - 0,0001$

1 Übersetze auf den Termkärtchen die Beschreibungen in Terme und umgekehrt ($\mathbb{G} = \mathbb{Q}_0^+$).

Beschreibung	Term
Summe aus dem Doppelten einer Zahl und 91	$2 \cdot x + 91$
Differenz aus einer Zahl und dem Fünffachen von 7	$x - 5 \cdot 7$
Produkt aus 14 und der Summe einer Zahl und 8	$14 \cdot (x + 8)$
Quotient aus 2 und der Summe einer Zahl und 9	$\frac{2}{x + 9}$
Differenz aus 27 und dem Quotienten aus einer Zahl und 8	$27 - x : 8$
Summe aus 38 und dem Produkt aus einer Zahl und 12	$38 + x \cdot 12$
Summe aus 13 und einer Zahl	$13 + x$

2 Entscheide, welcher Term den Sachverhalt beschreibt. Es können auch mehrere Terme zutreffend sein.

a) Ein Rechteck ist dreimal so lang wie breit. Wie groß ist sein Umfang? a ist die Breite des Rechtecks.
◯ $2 \cdot (3 + a)$ ☒ $(3a + a) \cdot 2$ ☒ $8a$ ◯ $3a \cdot a$ ◯ $a + 3 \cdot a$ ☒ $6 \cdot a + 2 \cdot a$

b) Tina kauft einen Zirkel für 9 € und mehrere Bleistifte für je 75 ct. Welcher Term beschreibt die Gesamtkosten in ct, wenn x für die Anzahl der Bleistifte steht?
◯ $9 + x \cdot 75$ ☒ $75 \cdot x + 900$ ◯ $(900 + 75) \cdot x$ ◯ $9 \cdot x + 75 \cdot x$ ◯ $900 \cdot x + 75$

c) Bei einem Handy werden im Monat 4,99 € Grundgebühr sowie 0,01 € pro Minute fällig. Welcher Term beschreibt die monatlichen Kosten in €, wenn n die Anzahl der vertelefonierten Minuten angibt?
◯ $5 \cdot n$ ◯ $(4{,}99 + 0{,}01) \cdot n$ ☒ $4{,}99 + 0{,}01 \cdot n$ ◯ $4{,}99 \cdot n + 0{,}01$ ◯ $4{,}99 - 0{,}01 \cdot n$

3 Aus farbigen Würfeln wird schrittweise eine Würfelmauer gebaut. Ab dem 2. Schritt kommt jeweils ein „L" aus 4 Würfeln hinzu. Bei jedem Würfel sind gegenüberliegende Würfelflächen in derselben Farbe angemalt. Die Würfelmauern stehen fest auf dem Tisch, sodass die Unterseite nicht sichtbar ist.

a) Trage in die Tabelle ein, wie viele gelbe, rote bzw. grüne Würfelflächen sichtbar sind.

Schritt	1	2	3	4	5	6
gelb	1	3	5	7	9	11
rot	2	10	18	26	34	42
grün	2	6	10	14	18	22

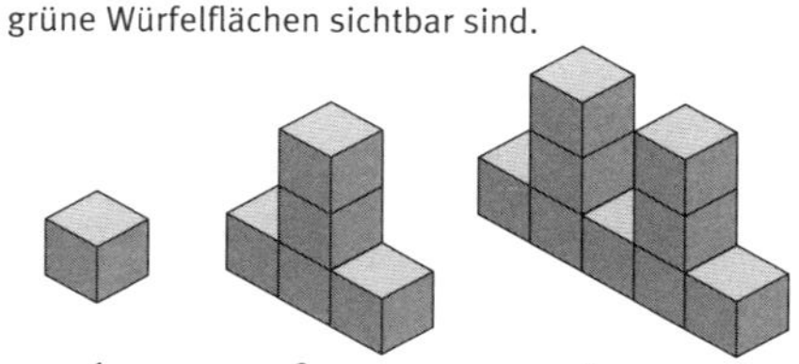

1 2 3

b) Gib pro Farbe einen Term an, der für einen x-beliebigen Schritt die Anzahl sichtbarer Würfelflächen angibt.

gelb: $2x - 1$ rot: $2 + (x - 1) \cdot 8$ grün: $2 + (x - 1) \cdot 4$

c) Berechne mithilfe deiner Terme aus b) die Anzahl der …

1 roten Flächen bei Schritt 8: $2 + (8 - 1) \cdot 8 = 2 + 7 \cdot 8 = 2 + 56 = 58$

2 grünen Flächen bei Schritt 14: $2 + (14 - 1) \cdot 4 = 2 + 13 \cdot 4 = 2 + 52 = 54$

3 gelben Flächen bei Schritt 23: $2 \cdot 23 - 1 = 46 - 1 = 45$

1 Überprüfe mithilfe der numerischen Wertetabelle, welche Terme in $\mathbb{G} = \{0; 1; 2; 4; 8\}$ äquivalent sind.

x	0	1	2	4	8
$T_1(x) = 3 \cdot (x + 4)$	12	15	18	24	36
$T_2(x) = 3 \cdot x + 4$	4	7	10	16	28
$T_3(x) = 3 \cdot x + 12$	12	15	18	24	36
$T_4(x) = 3 \cdot x + 4 \cdot x$	0	7	14	28	56
$T_5(x) = 3 \cdot (x + 1\frac{1}{3})$	4	7	10	16	28

Antwort: $T_1(x) = T_3(x)$ und $T_2(x) = T_5(x)$

2 Ordne den Wertetabellen den richtigen Term zu.

a) $T(x) = 2x + 4$ | $T(x) = x + 4$ | $T(x) = 2x$ | $T(x) = 2(x + 1)$

x	0	1	2	3
T (x)	0	2	4	6

x	0	1	2	3
T (x)	4	6	8	10

x	0	1	2	3
T (x)	4	5	6	7

x	0	1	2	3
T (x)	2	4	6	8

b) $T(x) = 3x + 5$ | $T(x) = \frac{1}{2}(2x + 6)$ | $T(x) = x + 0{,}5$ | $T(x) = 2x^2$

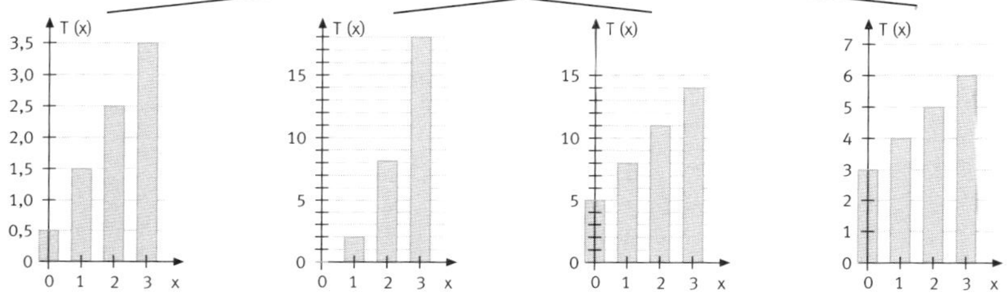

3 Welche Terme sind äquivalent zueinander in $\mathbb{G} = \{1; 2; 3; 4; 5\}$? Kreuze an.

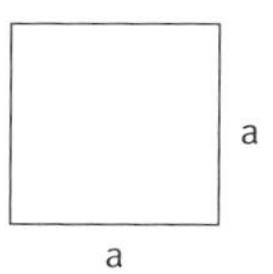

$T_1(x) = a \cdot a$
$T_2(x) = 2 \cdot a$
$T_3(x) = 4 \cdot a$
$T_4(x) = a^2$
$T_5(x) = a + a + a + a$

ist äquivalent zu ...	T_1	T_2	T_3	T_4	T_5
T_1	X			X	
T_2		X			
T_3			X		X
T_4	X			X	
T_5			X		X

b) Mit welchen Termen lässt sich der ...

1 Umfang eines Quadrats bestimmen? T_3, T_5

2 Flächeninhalt eines Quadrats bestimmen? T_1, T_4

1 Wirf alle Elemente der Grundmenge $\mathbb{G}$ in die Sortiermaschine und entscheide, in welchem Behälter sie landen. Gib dann die Lösungsmenge der Gleichung an.

a) $\mathbb{G} = \{1{,}5; 2; 3; 4{,}5; 6; 7{,}5\}$ b) $\mathbb{G} = \{0; 1; 2; 3; 4; 5; 6; 7\}$ c) $\mathbb{G} = \{0; 2; 4; 6; 8; 10\}$

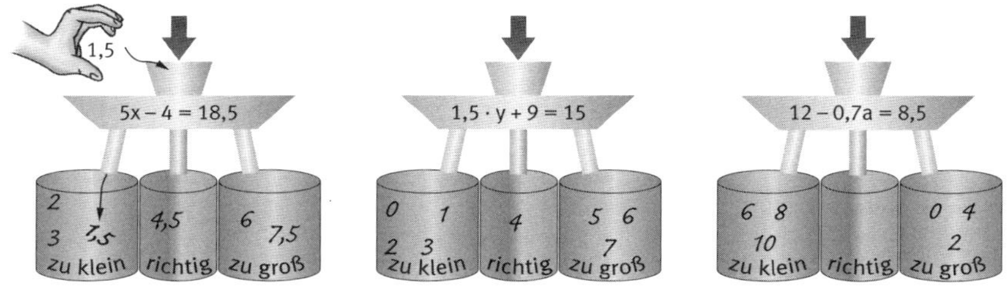

$\mathbb{L} = \{4{,}5\}$ $\mathbb{L} = \{4\}$ $\mathbb{L} = \emptyset$

2 Bestimme jeweils die Lösungsmenge.

a) $x \cdot 2{,}5 + 9 = 16{,}5$ $\mathbb{G} = \mathbb{N}_0$

$x \xrightarrow{\cdot 2{,}5} x \cdot 2{,}5 \xrightarrow{+9} x \cdot 2{,}5 + 9$

$3 \xleftarrow{:2{,}5} 7{,}5 \xleftarrow{-9} 16{,}5$

$\mathbb{L} = \{3\}$

b) $x : 0{,}4 - 5 = 12{,}5$ $\mathbb{G} = \mathbb{Q}^+$

$x \xrightarrow{:0{,}4} x : 0{,}4 \xrightarrow{-5} x : 0{,}4 - 5$

$7 \xleftarrow{\cdot 0{,}4} 17{,}5 \xleftarrow{+5} 12{,}5$

$\mathbb{L} = \{7\}$

c) $x \cdot \frac{2}{5} - \frac{6}{5} = 2{,}4$ $\mathbb{G} = \mathbb{Q}^+$

$x \xrightarrow{\cdot \frac{2}{5}} x \cdot \frac{2}{5} \xrightarrow{-\frac{6}{5}} x \cdot \frac{2}{5} - \frac{6}{5}$

$9 \xleftarrow{:\frac{2}{5}} 3{,}6 \xleftarrow{+\frac{6}{5}} 2{,}4$

$\mathbb{L} = \{9\}$

3 Bestimme zuerst den passenden Wert für x und gib dann für die unterschiedlichen Grundmengen jeweils die Lösungsmenge an.

Gleichung	x	$\mathbb{G} = \mathbb{N}_0$	$\mathbb{G} = \mathbb{Q}^+$	$\mathbb{G} = \mathbb{Q}_0^+$	$\mathbb{G} = \mathbb{V}_5$	$\mathbb{G} = \mathbb{T}_{24}$
$x - 4 = 11$	$x = 15$	$\mathbb{L} = \{15\}$	$\mathbb{L} = \{15\}$	$\mathbb{L} = \{15\}$	$\mathbb{L} = \{15\}$	$\mathbb{L} = \emptyset$
$2x + 3 = 9$	$x = 3$	$\mathbb{L} = \{3\}$	$\mathbb{L} = \{3\}$	$\mathbb{L} = \{3\}$	$\mathbb{L} = \emptyset$	$\mathbb{L} = \{3\}$
$5x - 3x = 0$	$x = 0$	$\mathbb{L} = \{0\}$	$\mathbb{L} = \emptyset$	$\mathbb{L} = \{0\}$	$\mathbb{L} = \emptyset$	$\mathbb{L} = \emptyset$

4 Gib zunächst die Grundmenge an. Stelle dann die Gleichung auf und finde die Lösungsmenge. Wenn man zum Doppelten einer natürlichen Zahl 5 addiert, so erhält man 23.

$\mathbb{G} = \mathbb{N}$ Gleichung: $2 \cdot x + 5 = 23$ $\mathbb{L} = \{9\}$

1 Löse die Gleichungen durch Äquivalenzumformungen.

a) $x + 3 = 17$ | -3 $\quad \mathbb{G} = \mathbb{N}_0$
$x = 14$
$\mathbb{L} = \{14\}$

b) $y - 9 = 13$ | $+9$ $\quad \mathbb{G} = \mathbb{Q}_0^+$
$y = 22$
$\mathbb{L} = \{22\}$

c) $a + 4{,}7 = 9{,}2$ | $-4{,}7$ $\quad \mathbb{G} = \mathbb{Q}^+$
$a = 4{,}5$
$\mathbb{L} = \{4{,}5\}$

d) $9 \cdot m = 54$ | $:9$ $\quad \mathbb{G} = \mathbb{V}_{12}$
$m = 6$
$\mathbb{L} = \emptyset$

e) $\frac{1}{7} \cdot x = 2$ | $\cdot 7$ $\quad \mathbb{G} = \mathbb{N}_0$
$x = 14$
$\mathbb{L} = \{14\}$

f) $0{,}2 \cdot x = 0$ | $\cdot 5$ $\quad \mathbb{G} = \mathbb{Q}^+$
$x = 0$
$\mathbb{L} = \emptyset$

g) $x : 0{,}03 = 120$ | $\cdot 0{,}03$ $\quad \mathbb{G} = \mathbb{Q}^+$
$x = 3{,}6$
$\mathbb{L} = \{3{,}6\}$

h) $x : \frac{2}{7} = 0$ | $\cdot \frac{2}{7}$ $\quad \mathbb{G} = \mathbb{Q}_0^+$
$x = 0$
$\mathbb{L} = \{0\}$

i) $x : 1{,}8 = 0{,}2$ | $\cdot 1{,}8$ $\quad \mathbb{G} = \mathbb{N}$
$x = 0{,}36$
$\mathbb{L} = \emptyset$

2 Tim versteckt in mehreren Stoffsäckchen Glassteine und achtet genau darauf, dass alle Säckchen gleich viele Steine enthalten. Er legt nun Säckchen und einzelne Steine auf ein blaues und ein grünes Blatt Papier und behauptet, dass sich auf jedem der beiden Blätter gleich viele Steine befinden. Finde durch geschicktes Umlegen heraus, wie viele Steine in jedem Säckchen versteckt sind.

Zeichnerische Lösung

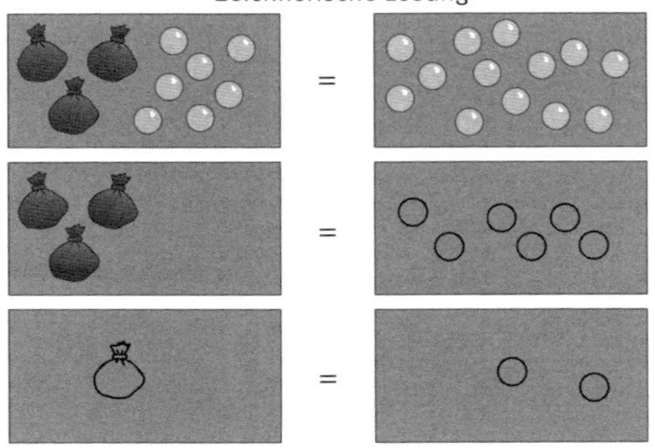

Zugehörige Gleichungen

$3x + 7 = 13$
$\mathbb{G} = \mathbb{N}_0$

$3x = 6$

$x = 2$
$\mathbb{L} = \{2\}$

3 Löse durch Äquivalenzumformungen und gib zu jeder Grundmenge die passende Lösungsmenge an.

a) $5x + 3{,}7 = 16{,}2$ | $-3{,}7$
$5x = 12{,}5$ | $:5$
$x = 2{,}5$

$\mathbb{G}_1 = \mathbb{Q}_0^+$ $\quad \mathbb{L}_1 = \{2{,}5\}$
$\mathbb{G}_2 = \mathbb{N}_0$ $\quad \mathbb{L}_2 = \emptyset$

b) $0{,}5 \cdot (x - 3) = 2^4$
$0{,}5\,(x - 3) = 16$ | $:0{,}5$
$x - 3 = 32$ | $+3$
$x = 35$

$\mathbb{G}_1 = \mathbb{Q}_0^+$ $\quad \mathbb{L}_1 = \{35\}$
$\mathbb{G}_2 = \mathbb{N}_0$ $\quad \mathbb{L}_2 = \{35\}$
$\mathbb{G}_3 = \mathbb{T}_7$ $\quad \mathbb{L}_3 = \emptyset$

1 Gib für jede Ungleichung die Lösungsmengen über den verschiedenen Grundmengen an.

	$\mathbb{G} = \mathbb{Q}_0^+$	$\mathbb{G} = \mathbb{N}$	$\mathbb{G} = \mathbb{Q}^+$	$\mathbb{G} = \{1; 3; 4; 6; 9; 12\}$	$\mathbb{G} = \mathbb{V}_3$
$x \leq 4{,}75$	$\mathbb{L} = [0; 4{,}75]$	$\mathbb{L} = \{1; 2; 3; 4\}$	$\mathbb{L} =]0; 4{,}75]$	$\mathbb{L} = \{1; 3; 4\}$	$\mathbb{L} = \{3\}$
$x > 6{,}3$	$\mathbb{L} = \{x \mid x > 6{,}3\}$	$\mathbb{L} = \{7; 8; 9 \ldots\}$	$\mathbb{L} = \{x \mid x > 6{,}3\}$	$\mathbb{L} = \{9; 12\}$	$\mathbb{L} = \{9; 12; 15; \ldots\}$

2 Stelle die folgenden Intervalle in den entsprechenden Farben an der Zahlenhalbgerade dar ($\mathbb{G} = \mathbb{Q}_0^+$).

a) 1 $]6{,}2; 9]$ $\quad$ 2 $]10{,}2; 13[$ $\quad$ 3 $[0{,}5; 4]$

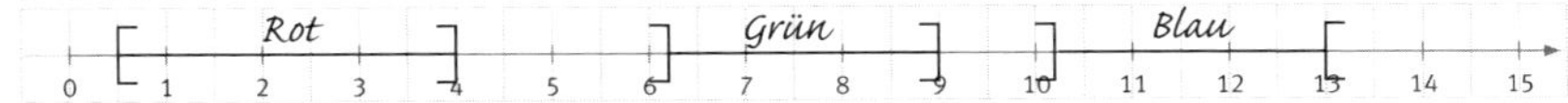

b) 1 $\{x \mid x > 5{,}2\}$ $\quad$ 2 $\{x \mid x \leq 2{,}6\}$ $\quad$ 3 $[2{,}8; 4{,}2]$

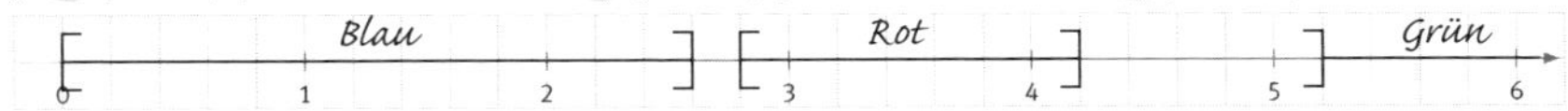

3 In der Klasse 6b werden bei allen Schülern verschiedene Körpermaße (Körpergröße, Armlänge, Halsumfang, Nasenlänge) gemessen. Jeweils der kleinste und der größte Wert werden in einer Tabelle notiert. Dann werden Intervalle bestimmt, die die Maße aller Schüler beinhalten. Leider sind einige Werte unleserlich geworden. Ergänze zunächst die Tabelle und ordne dann die Maße den Körperteilen zu.

	kleinster Wert	größter Wert	Intervall
Körpergröße	1,48 m	1,72 m	[1,48 m; 1,72 m]
Nasenlänge	29 mm	51 mm	[29 mm; 51 mm]
Armlänge	38,5 cm	52 cm	[38,5 cm; 52 cm]
Halsumfang	325 mm	410 mm	[325 mm; 410 mm]

4 Löse die Ungleichungen mithilfe von Äquivalenzumformungen.

a) $x - 4{,}9 \leq 9{,}36$ | $+4{,}9$ $\quad \mathbb{G} = \mathbb{Q}_0^+$
$x \leq 14{,}26$
$\mathbb{L} = [0; 14{,}26]$

b) $2{,}9 \cdot y > 8{,}7$ | $:2{,}9$ $\quad \mathbb{G} = \mathbb{Q}_0^+$
$y > 3$
$\mathbb{L} = \{x \mid x > 3\}$

c) $x^2 \geq 121$ $\quad \mathbb{G} = \mathbb{Q}^+$
$x \geqq 11$
$\mathbb{L} = \{x \mid x \geqq 11\}$

d) $12 + 3a < 2^4 - 13^0$ $\quad \mathbb{G} = \mathbb{N}$
$12 + 3a < 16 - 1$
$12 + 3a < 15$ | -12
$3a < 3$ | $:3$
$a < 1$
$\mathbb{L} = \emptyset$

e) $\frac{2}{3}x + 2 < \frac{25}{6}$ $\quad \mathbb{G} = \mathbb{Q}_0^+$
$\frac{2}{3}x + 2 < 4\frac{1}{6}$ | -2
$\frac{2}{3}x < 2\frac{1}{6}$ | $\cdot \frac{3}{2}$
$x < 3\frac{1}{4}$
$\mathbb{L} = [0; 3\frac{1}{4}[$

1

Uhrzeit	0.00	1.00	2.00	3.00	4.00	5.00	6.00	7.00	8.00	9.00	10.00	11.00	12.00
Temperatur in °C	*10*	*8*	7	*7*	*5*	4	*5*	*6*	9	10	12	13	16

An einer Wetterstation werden zu jeder vollen Stunde die Temperaturen gemessen und notiert. Die Temperaturpunkte werden in ein Gitternetz eingetragen und zu einer Kurve ergänzt.

a) Ergänze in der Tabelle die fehlenden Temperaturen mithilfe der grafischen Darstellung.

b) Trage die fehlenden Temperaturpunkte in das Gitternetz ein und zeichne dann die Temperaturkurve.

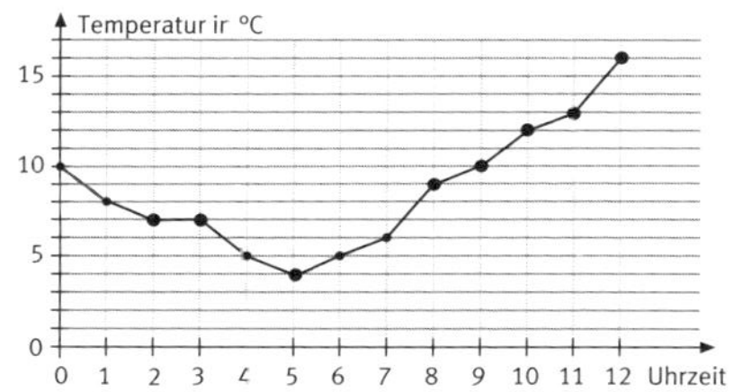

c) Neben den Temperaturen werden in der Wetterstation auch Niederschlagsmengen gemessen und dokumentiert.
Die Messwerte wurden teils in einem Säulendiagramm und teils als geordnete Wertepaare festgehalten. Vervollständige beides.

(Jan | *40 l/m²*) (Feb | *25 l/m²*)
(März | 35 $\frac{l}{m^2}$) (April | *38 l/m²*)
(Mai | 30 $\frac{l}{m^2}$) (Juni | *32 l/m²*) (Juli | 42 $\frac{l}{m^2}$)

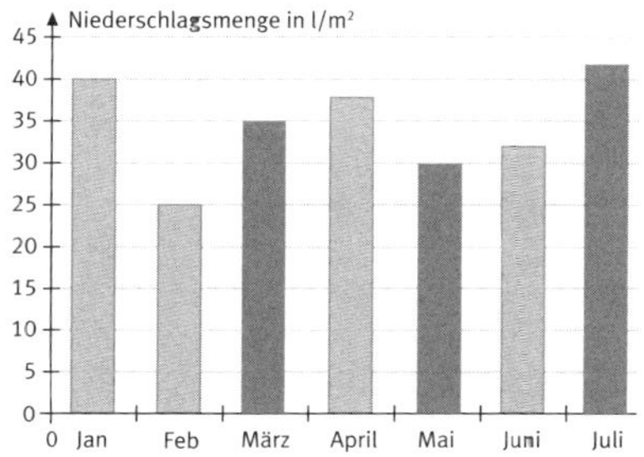

2 Tobi trainiert regelmäßig mit dem Fahrrad. Den Trainingsverlauf notiert er in einer Tabelle.

Tag	Größenpaare
1	(2 km | 5 min); (6 km | 15 min); (10 km | 25 min); (16 km | 40 min); (20 km | 50 min); (24 km | 1 h)
2	(10 min | 4,5 km); (20 min | 8 km); (30 min | 11,2 km); (40 min | 14 km); (1 h 20 min | 25 km)
3	(8 km | 16 min); (11 km | 23 min); (15 km | 31 min); (19 km | 40 min); (35 km | 76 min)
4	(20 min | 7 km); (40 min | 15 km); (60 min | 25 km); (80 min | 36 km); (1 h 40 min | 52 km)

a) Entscheide, welche Aussage zu welchem Trainingstag passt. Tobi ...

A wird unterwegs immer schneller: *4*
B wird unterwegs immer langsamer: *2*
C fährt mit konstanter Geschwindigkeit: *1*
D fährt völlig ungleichmäßig: *3*

b) Zeichne den Graphen zu Trainingstag 4.

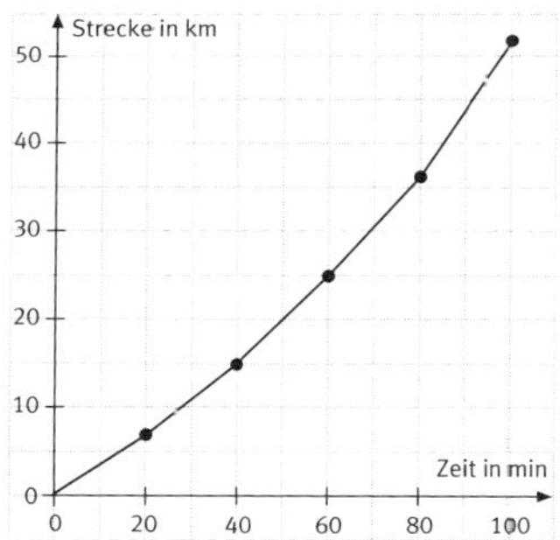

1 Prüfe rechnerisch, welche Zahlenpaare zu derselben direkten Proportionalität gehören. Markiere die Lösungsbuchstaben der zusammengehörigen Zahlenpaare mit derselben Farbe. Gleichfarbige Buchstaben ergeben ein Lösungswort. Aus den drei Lösungsworten kannst du einen Lösungssatz bilden.

y	15	3,6	12	90	6	7	1,2	54	30	0,12	12	192	35
x	10	1,8	8	60	8	3,5	3	36	50	0,8	20	96	70
$k = \frac{y}{x}$	$\frac{3}{2}$	*2*	$\frac{3}{2}$	$\frac{3}{2}$	$\frac{3}{4}$	*2*	*0,4*	$\frac{3}{2}$	*0,6*	*0,15*	*0,6*	*2*	*0,5*
Buchstabe	K	I	A	N	P	C	L	N	E	F	S	H	R

Lösungssatz: *I C H K A N N E S* ! Hurra!!!

2 Entscheide, ob eine direkte Proportionalität vorliegt.

a) *Anzahl der Schulbücher ⟼ Höhe des Bücherstapels* ◯ ja ☒ nein
b) *Anzahl der Kartoffeln ⟼ Preis* ◯ ja ☒ nein
c) *Formel 1: Anzahl der Runden ⟼ gefahrene Strecke* ☒ ja ◯ nein

3 a) Ergänze die Tabellen.

1	Seitenlänge eines Quadrats in cm	3	*4*	1	*2,5*	*1,7*	2,2	*5,15*
	Umfang des Quadrats in cm	*12*	16	*4*	10	6,8	*8,8*	20,6
2	Seitenlänge eines Quadrats in cm	3	1	*4*	2,5	*5*	9	*0,5*
	Flächeninhalt des Quadrats in cm²	*9*	*1*	16	*6,25*	25	*81*	0,25

b) Die Zuordnungen aus a) sind hier grafisch dargestellt. Ordne die Graphen durch sinnvolle Achsenbeschriftung den Tabellen 1 bzw. 2 zu. Welcher Graph stellt eine direkte Proportionalität dar?

Direkt proportional?
1 ☒ ja ◯ nein
2 ◯ ja ☒ nein

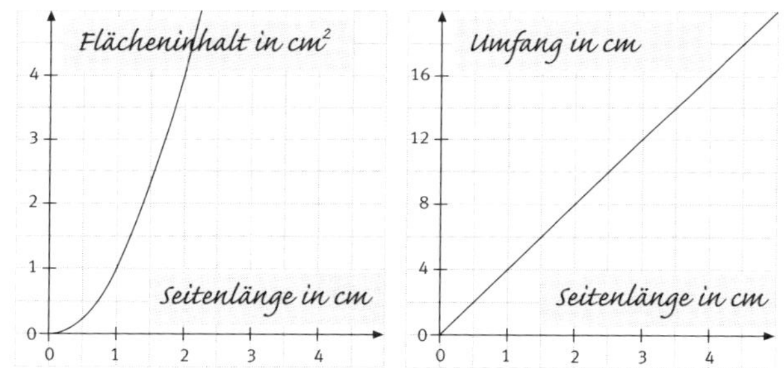

4 Berechne die fehlenden Größen der direkt proportionalen Zuordnungen.

a)

Anzahl der Semmeln	6	*1*	13
Mehlmenge in g	270	*45*	*585*

b)

Anzahl der Lollis	14	*1*	27
Preis in €	2,80	*0,20*	*5,40*

1 Der „Regenwurm“ Max kriecht aus seinem Erdloch. Die einzelnen Glieder sind jeweils gleich lang. Gib die gesuchten Anteile jeweils als Bruch, als Dezimalzahl und in Prozent an.

		Bruch	Dezimal-zahl	Prozent
a)	Welcher Anteil schaut aus der Erde?	$\frac{4}{10}$	0,4	40 %
b)	Welcher Anteil ist rot?	$\frac{5}{10}$	0,5	50 %
c)	Welcher Anteil ist gelb?	$\frac{3}{10}$	0,3	30 %
d)	Welcher Anteil ist nicht weiß?	$\frac{8}{10}$	0,8	80 %
e)	Der 15 cm lange Max wächst um 6 cm. Wie groß ist der Zuwachs?	$\frac{6}{15}$	0,4	40 %

2 Welche Anteile sind dargestellt? Gib deine Antwort als Bruch, als Dezimalzahl und in Prozent an.

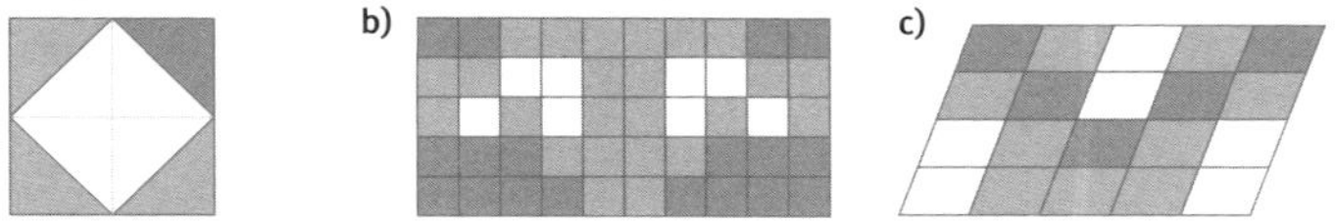

	a)	b)	c)
Orange	$\frac{3}{8} = 0{,}375 = 37{,}5\,\%$	$\frac{24}{50} = 0{,}48 = 48\,\%$	$\frac{9}{20} = 0{,}45 = 45\,\%$
Blau	$\frac{1}{8} = 0{,}125 = 12{,}5\,\%$	$\frac{18}{50} = 0{,}36 = 36\,\%$	$\frac{5}{20} = 0{,}25 = 25\,\%$
Weiß	$\frac{4}{8} = 0{,}5 = 50\,\%$	$\frac{8}{50} = 0{,}16 = 16\,\%$	$\frac{6}{20} = 0{,}30 = 30\,\%$

3 Tobi, Lisa und Marion gehen auf dem Jahrmarkt an die Losbude. Tobi zieht 12 Lose und hat 3 Gewinne. Lisa hat von 20 Losen 14 Nieten gezogen. Marion kauft 8 Lose und gewinnt immerhin zweimal. Wer hat die höchste Gewinnquote?

Tobi: $\frac{3}{12} = \frac{1}{4} = 25\,\%$

Lisa: $\frac{6}{20} = \frac{30}{100} = 30\,\%$

Marion: $\frac{2}{8} = \frac{1}{4} = 25\,\%$

Lisa hat die höchste Gewinnquote.

4 Vervollständige die Tabelle.

	a)	b)	c)	d)	e)	f)	g)
Bruch	$\frac{4}{5}$	$\frac{22}{100} = \frac{11}{50}$	$\frac{37}{100}$	$\frac{27}{50}$	$\frac{120}{100} = \frac{6}{5}$	$\frac{213}{100}$	$\frac{7}{1000}$
Dezimalzahl	0,8	0,22	0,37	0,54	1,2	2,13	0,007
Prozent	80 %	22 %	37 %	54 %	120 %	213 %	0,7 %

1 Alle Schüler der 6. Klassen wurden zu ihren Ess- und Trinkvorlieben in der Pause befragt. Die Kreisdiagramme zeigen das Ergebnis der Befragung. Bestimme die Winkelmaße und die zugehörigen Prozentsätze. Runde auf volle Prozent.

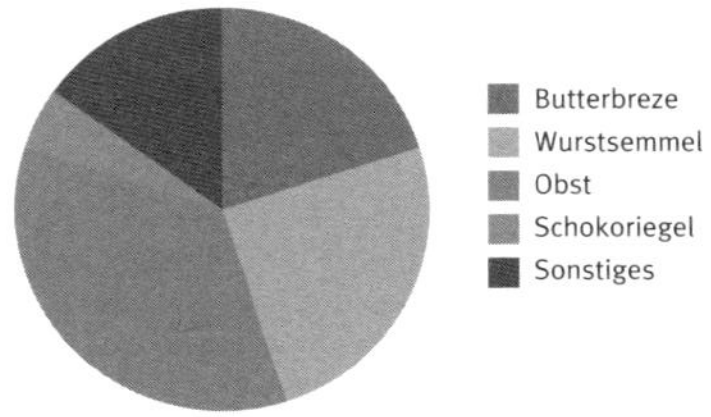

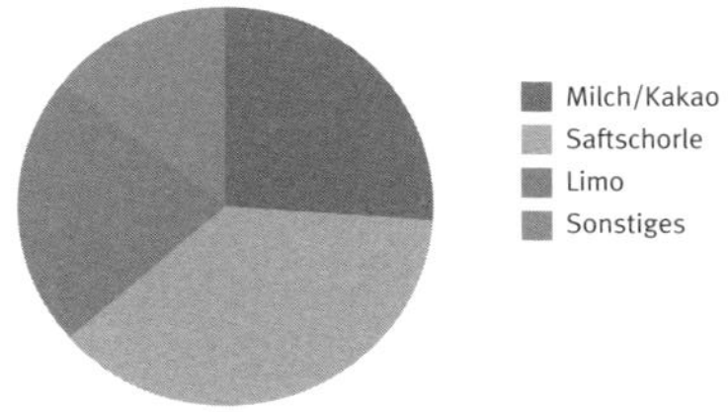

Butterbreze: 72° ≙ 20 %

Wurstsemmel: 90° ≙ 25 %

Obst: 126° ≙ 35 %

Schokoriegel: 18° ≙ 5 %

Sonstiges: 54° ≙ 15 %

Milch/Kakao: 94° ≙ 26 %

Saftschorle: 135° ≙ 38 %

Limo: 79° ≙ 22 %

Sonstiges: 52° ≙ 14 %

$135 : 3{,}6 = 1350 : 36 = 37{,}5$

$79 : 3{,}6 = 790 : 36 = 21{,}9...$

2 Markus schreibt ein Jahr lang genau auf, wie viel er von seinem Taschengeld für welche Zwecke ausgibt. Was übrig bleibt, landet auf dem Sparbuch. Ergänze die Auflistung und zeichne ein Kreisdiagramm.

Süßigkeiten:	14 %	≙ 50,4° ≈ 50°
Spielzeug:	20 %	≙ 72°
Kino:	8 %	≙ 28,8° ≈ 29°
CDs:	30 %	≙ 108°
Comics:	12 %	≙ 43,2° ≈ 43°
Sparbuch:	16 %	≙ 57,6° ≈ 58°

3 Stelle folgende Prozentsätze in unterschiedlichen Farben in einem Streifendiagramm dar.

a) Bei der Wahl zum Schülersprecher erhielt Marc 42 % der Stimmen, Marina 33 %, Aysel 18 % und Stefan 7 %.

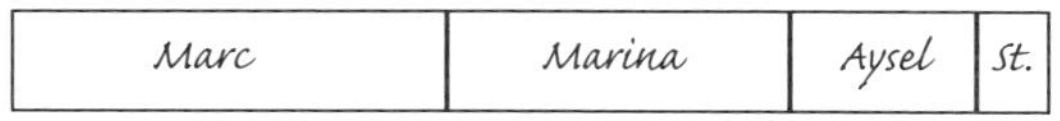

b) Bei einer Umfrage zum Wahlfach Sport stimmten 17 % der Schüler für Leichtathletik, 35 % für Fußball, 22 % für Handball, 12 % für Tischtennis und der Rest für Sonstiges.

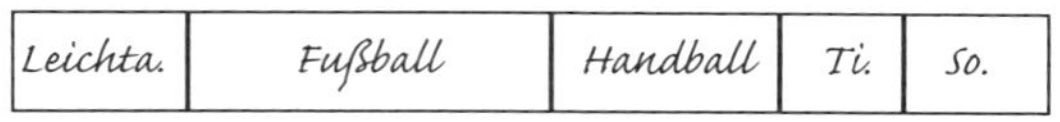

1 Ordne die Angaben aus dem Text den Begriffen Grundwert (GW), Prozentwert (PW) und Prozentsatz (p) zu. Stelle dann den Sachverhalt grafisch dar, indem du im vorgegebenen Streifen (100 %) den Prozentsatz farbig markierst.

a) Von den 30 Schülern der Klasse 6c mögen 24 den Sportunterricht. Das sind 80 %.

GW = 30   PW = 24   p = 80   [Streifen: 80 %]

b) 140 Schüler gehen in die 6. Klasse. Davon haben 40 %, also 56 Schüler, ein Haustier.

GW = 140   PW = 56   p = 40   [Streifen: 40 %]

c) Edanur hat beim Würfeln zwölfmal eine 6 gewürfelt. Das waren bei ihren 60 Würfen 20 %.

GW = 60   PW = 12   p = 20   [Streifen: 20 %]

2 Entscheide aus dem Text, welche Größe (GW, PW oder p) gesucht ist. Kreise den zugehörigen Buchstaben ein. Alle eingekreisten Buchstaben ergeben von oben nach unten gelesen ein Lösungswort.

	GW	PW	p
a) Ein 120 g schwerer Apfel enthält 6,8 g Fruchtzucker.	Ö	N	(A)
b) Der Preis eines Zirkels wurde von 15,50 € auf 12,40 € herabgesetzt.	L	Ä	(U)
c) Monikas Vater erhält beim Autokauf einen Rabatt von 19 % und spart somit 4370 €.	(F)	H	S
d) Von den 16 Mädchen einer Klasse sind 18,75 % Vegetarierinnen.	A	(G)	F
e) Nicos erwachsener Labrador Ben wiegt 30 kg. Bei seiner Geburt wog er nur 1,2 % davon.	R	(A)	L
f) In Evas Matheheft sind nur noch 3 Seiten unbeschrieben. Es sind also noch 12,5 % frei.	(B)	R	U
g) Nico ist im letzten Jahr um 9 cm, also um 6,5 % gewachsen.	(E)	N	G

3 Lisa geht auf Schnäppchenjagd. Dabei findet sie in Geschäften die abgebildeten Preisplakate. Welche Größen der Prozentrechnung (GW, PW, p) sind darauf angegeben?

a)

p und PW

b)

GW und PW

c)

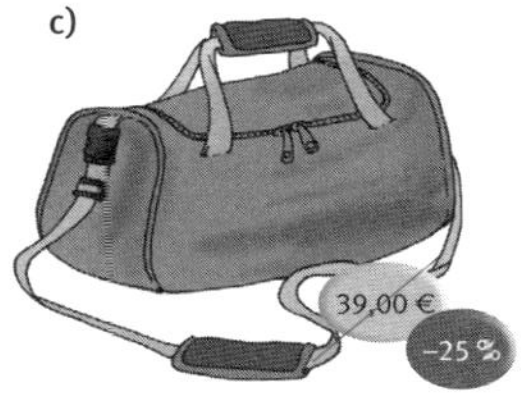

GW und p

1 Berechne die fehlenden Werte (Prozentwert bei a), Grundwert bei b)) möglichst im Kopf.

a)

	von 300 kg	8000 m	von 700
		sind ...	
20 %	60 kg	1600 m	140
7 %	21 kg	560 m	49
85 %	255 kg	6800 m	595
0,2 %	0,6 kg	16 m	1,4

b)

		von ...	
30 %	800 min	300 g	50 t
5 %	4800 min	1800 g	300 t
20 %	1200 min	450 g	75 t
15 %	1600 min	600 g	100 t
	sind 240 min.	sind 90 g.	sind 15 t.

2 Berechne jeweils den Prozentsatz – wenn möglich – im Kopf.

a) 3 von 15 Musikern: p = 20   b) 9 von 20 Stiften: p = 45   c) 17 h von 68 h: p = 25

d) 32 von 400 Autos: p = 8   e) 1 m von 20 m: p = 5   f) 24 € von 60 €: p = 40

g) 12,5 cm von 25 cm: p = 50   h) 90° von 360°: p = 25   i) 30 s von 150 s: p = 20

3 Alle „Minimauern" sind gleich aufgebaut: [PW oben, GW unten, p rechts]. Vervollständige die Mauern.

a) PW 20 kg, GW 400 kg, p 5
b) PW 260 l, GW 2000 l, p 13
c) PW 25 mg, GW 500 mg, p 5
d) PW 28 m², GW 700 m², p 4
e) PW 60, GW 500, p 12
f) PW 14, GW 70, p 20
g) PW 54 km, GW 300 km, p 18
h) PW 92, GW 400, p 23

4 Berechne die fehlenden Werte (GW, PW, p) mithilfe eines Dreisatzes.

a)

Prozent	Betrag
100 %	900 €
1 %	9 €
87 %	783 €

(: 100, · 87)

b)

Prozent	Zeitdauer
100 %	20 h
5 %	1 h
15 %	3 h

(: 20, · 3)

1 Die Schüler der SMV wollen am Elternabend Wurstsemmeln und auch Wiener Würstchen verkaufen.

a) Da der Erlös den Schülern zugute kommt, gibt der Metzger 22 % Rabatt. Durch einen Fettfleck ist die Rechnung teils unleserlich geworden. Vervollständige sie.

Betrag	Prozent
159 €	100 %
1,59 €	1 %
34,98 €	22 %

(: 100 ; · 22)

b) Im Supermarkt entdecken die Schüler ein Angebot. Ein Eimer Senf kostet anstatt 4,50 € nur noch 3,33 €. Berechne die Preissenkung zunächst in Euro und anschließend in Prozent.

GW = 4,50 € PW = 1,17 € p = 26

4,50 € − 3,33 € = 1,17 €

$p = \frac{PW}{GW} \cdot 100$

$p = \frac{1,17 €}{4,50 €} \cdot 100 = 26$

Preissenkung um 26 %

117 : 450 = 0,26
1170
− 900
2700
− 2700
0

c) Auch der Bäcker hat einen guten Tag und zieht vom ursprünglichen Preis 17 % ab, sodass die Rechnung nur noch 53,12 € beträgt. Wie viel haben die Schüler hier eingespart?

GW = 64 € PW = 53,12 € p = 83

$GW = \frac{PW}{p} \cdot 100$

$GW = \frac{53,12 €}{83} \cdot 100 = \frac{5312 €}{83} = 64 €$

5312 : 83 = 64
− 498
332
− 332
0

64 € − 53,12 € = 10,88 €
Sie haben 10,88 € eingespart.

2 Im Jahr 2000 betrug der durchschnittliche Preis für 1 Liter Benzin in Deutschland 1,40 DM, das entspricht 0,72 €. Für das Jahr 2010 wurde ein Durchschnittspreis von 1,42 € errechnet. Um wie viel Prozent ist der Benzinpreis in den 10 Jahren angestiegen? Runde.

$p = \frac{PW}{GW} \cdot 100 = \frac{142 ct}{72 ct} \cdot 100 = 197$

142 : 72 = 1,972
− 72
700
− 648
520
− 504
16
...

Anstieg um 97 %

3 Raphael kommt um 7.45 Uhr mit dem Bus in der Schule an. Da er noch in die Hausaufgabenbetreuung geht, verbringt er in der Schule 30 % des ganzen Montags. Wann fährt er also wieder nach Hause?

Zeitdauer	Prozent
24 h	100 %
2,4 h	10 %
7,2 h	30 %

7,2 h = 7 h 12 min

7.45 Uhr —7 h 12 min→ 14.57 Uhr

Raphael fährt um 14.57 Uhr nach Hause.

1 Überprüfe mit dem Geodreieck, welche Punkte durch eine Achsenspiegelung an g aufeinander abgebildet wurden.

a)

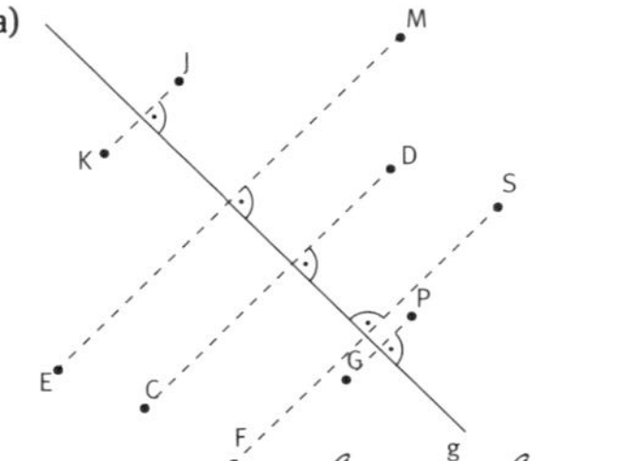

$E \xmapsto{g} M$; $K \xmapsto{g} J$; $F \xmapsto{g} S$;
$G \xmapsto{g} P$

b)

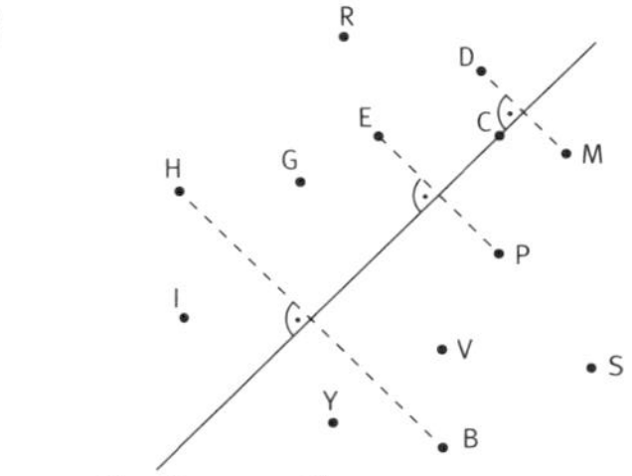

$B \xmapsto{g} H$; $E \xmapsto{g} P$;
$C \xmapsto{g} C$; $D \xmapsto{g} M$

2 Ermittle die Spiegelachse zu einem Punktepaar aus Ur- und Bildpunkt. Überprüfe, ob diese Achse auch Spiegelachse des anderen Punktepaares ist.

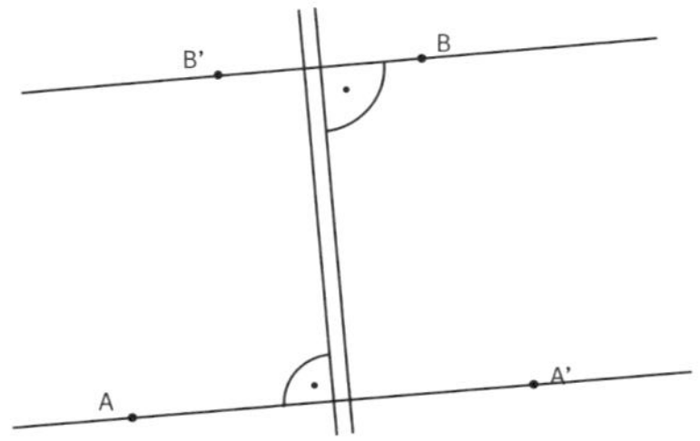

Die Spiegelachsen sind nicht identisch.

3 Zeichne in dieses Kachelmuster aus dem Ägyptischen Museum in Berlin alle Spiegelachsen ein.

5 Gegeben sind der Punkt P (4 | 1) und eine Gerade AB mit A (2 | 1) und B (3 | 3).

a) Zeichne den Punkt P' so ein, dass gilt: $P \xmapsto{AB} P'$.

b) Spiegle die Punkte Q (3 | 0,5), R (4 | 5) und S (6 | 4) an AB. Wie lauten ihre Koordinaten?

Q' (1 | 1,5) R' (4 | 5) S' (2 | 6)

c) Trage einen Punkt A_1 auf der y-Achse so ein, dass gilt: $P \xmapsto{A_1B} R$. Zeichne die Gerade A_1B ein. Gib die Koordinaten von A_1 an.

A_1 (0 | 3)

d) Spiegle Q, R und S an A_1B. Benenne ihre Bildpunkte mit Q_1, R_1 und S_1. Gib ihre Koordinaten an.

Q_1 (3 | 5,5) R_1 (4 | 1) S_1 (6 | 2)

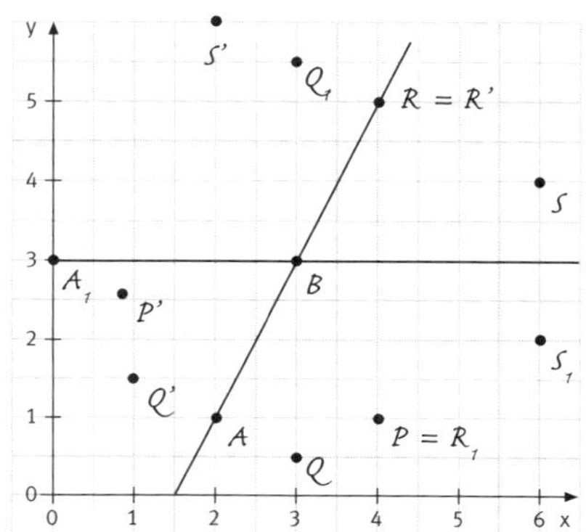

1 Spiegle die Figuren an der jeweiligen Achse. Wie viele Punkte musst du dazu mindestens mit dem Geodreieck abbilden?

a) b) c)

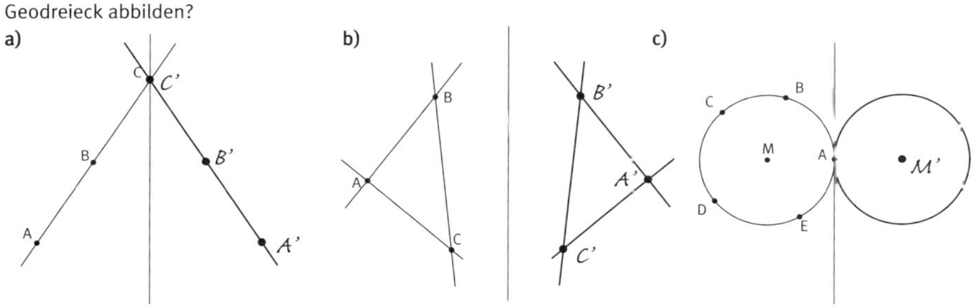

a) mindestens 1 Punkt(e) b) mindestens 3 Punkt(e) c) mindestens 1 Punkt(e)

2 Gegeben sind ein Parallelogramm ABCD und die Gerade XY.

a) Spiegle das Parallelogramm an XY.

b) Miss die Längen der Ur- und Bildstrecken sowie die Maße der Ur- und Bildwinkel. Was stellst du fest?

Ur- und Bildstrecken sind gleich lang.

Ur- und Bildwinkel haben das gleiche Maß.

c) Welche der eingezeichneten Punkte sind Fixpunkte?

X und Y sind Fixpunkte.

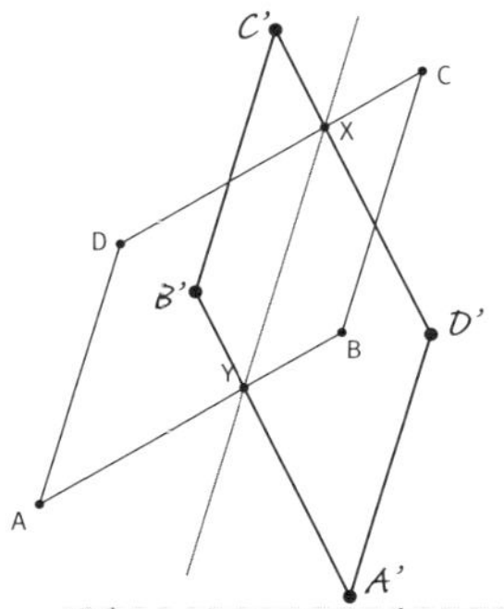

3 Gegeben sind die beiden Punkte A und M, weiterhin die zur y-Achse parallele Gerade g durch B (3|0) und die zur x-Achse parallele Gerade h durch C (0|3).

a) Zeichne k (M; r) mit A ∈ k sowie die beiden Geraden g und h.

b) Führe folgende Abbildungen durch:
k (M; r) $\xrightarrow{g}$ k' (M'; r') $\xrightarrow{h}$ k'' (M''; r'')

c) Bestimme die Koordinaten der Mittelpunkte M' und M''.

M' (2,25 | 4) M'' (2,25 | 2)

d) F ist Fixpunkt beider Abbildungen. Gib seine Koordinaten an.

F (3 | 3)

e) Zeichne eine Spiegelachse s ein, sodass gilt: k $\xrightarrow{s}$ k''.

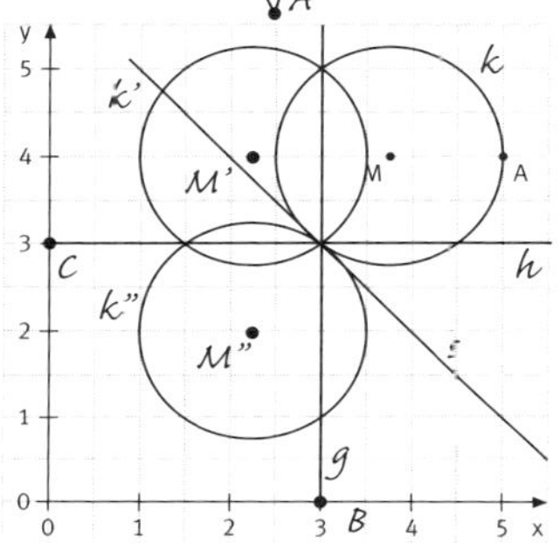

4 Wahr (w) oder falsch (f)? Bei einer Achsenspiegelung gilt:

	w	f
a) $\overline{AB} = \overline{A'B'}$	[x]	[ ]
b) Ein Punkt auf der Spiegelachse wird auf sich selbst abgebildet.	[x]	[ ]
c) Winkelmaße bleiben bei der Achsenspiegelung erhalten.	[x]	[ ]
d) Liegt der Mittelpunkt eines Kreises nicht auf der Spiegelachse, wird der Kreis auf sich selbst abgebildet.	[ ]	[x]
e) Ur-und Bildfigur sind kongruent.	[x]	[ ]

1 Auf welcher gedachten Linie liegen jeweils der Elfmeterpunkt, der Sekundenzeiger bzw. das Ausrufezeichen – Mittelsenkrechte oder Winkelhalbierende?

a) b) c)

a) *Mittelsenkrechte zur Torlinie*

b) *Winkelhalbierende des Winkels, den Stunden- und Minutenzeiger einschließen*

c) *Mittelsenkrechte der „unteren" Dreiecksseite und Winkelhalbierende des „oberen" Winkels*

2 Fallen bei den Figuren jeweils Winkelhalbierende des markierten Winkels und die Mittelsenkrechte der gegenüberliegenden Seite zusammen? Überprüfe jeweils durch Zeichnen.

a) b) c) d)

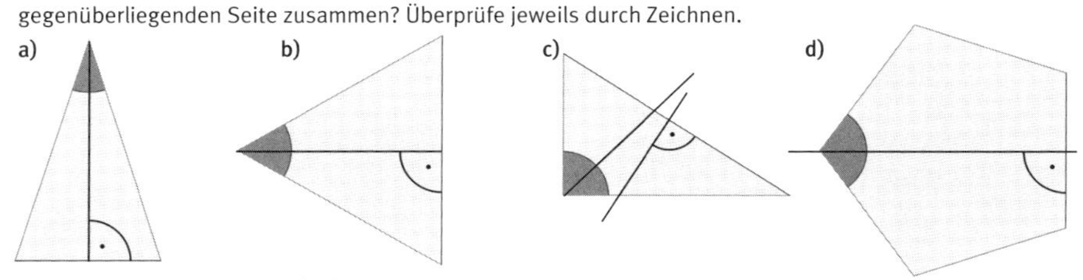

a) ja [x] nein [ ]
b) ja [x] nein [ ]
c) ja [ ] nein [x]
d) ja [x] nein [ ]

3 Teile den schraffierten Winkel in acht gleich große Winkel. Beginne damit, dass du ihn zunächst halbierst. Markiere in Blau $\frac{1}{8}$, in Rot $\frac{3}{8}$ und in Grün $\frac{4}{8}$ des schraffierten Winkels.
Bestimme die jeweiligen Gradzahlen.

Blau: 30° Rot: 90° Grün: 120°

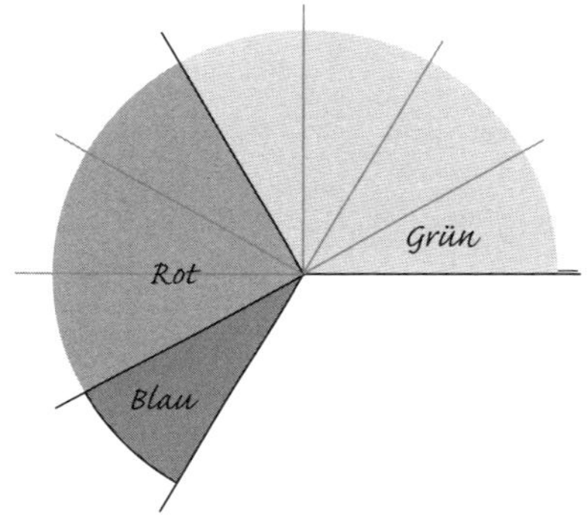

4 Konstruiere die Winkelhalbierenden der Winkel CBA und ACB. Bestimme ihren Schnittpunkt S und gib seine Koordinaten an.

S (2,5 | 1,5)

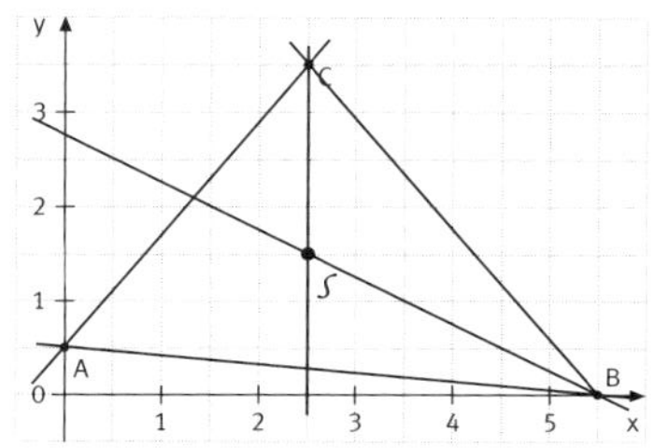

Mittelsenkrechte und Winkelhalbierende

1 a) Welche Punkte auf dem Kreis k (M; r = $\overline{MS}$) sind von A und B gleich weit entfernt? Konstruiere die Punkte mit Zirkel und Lineal oder Geodreieck und gib deren Koordinaten an.

P_1 (1 | 5) P_2 (5 | 7)

b) Finde den Punkt, der von A, B und M gleich weit entfernt ist, trage ihn in der Zeichnung ein und gib seine Koordinaten an.

P_3 (2 | 5,5)

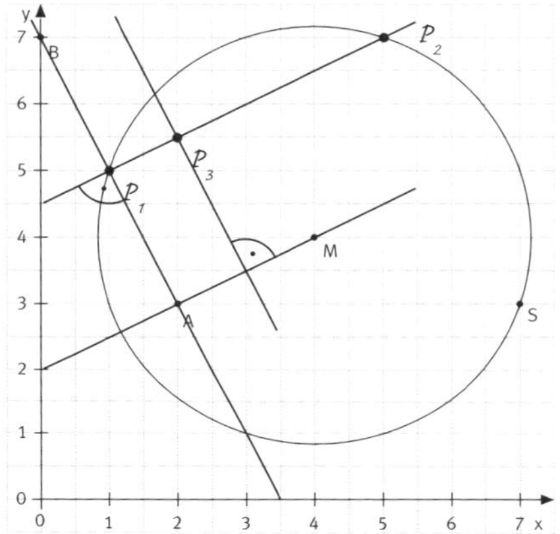

2 Gegeben ist ein Dreieck ABC mit A (0|0), B (6|1,5) und C (4,5|5,5).

a) Konstruiere mit Zirkel und Lineal die Winkelhalbierenden w_α und w_β und bestimme die Koordinaten ihres Schnittpunktes.

S (4 | 2,5)

b) Stelle Vermutungen an, wie die Winkelhalbierende w_γ verläuft.

Ich vermute, dass wγ ebenfalls durch den Punkt S verläuft.

c) Überprüfe deine Vermutung aus b), indem du die Winkelhalbierende w_γ konstruierst.

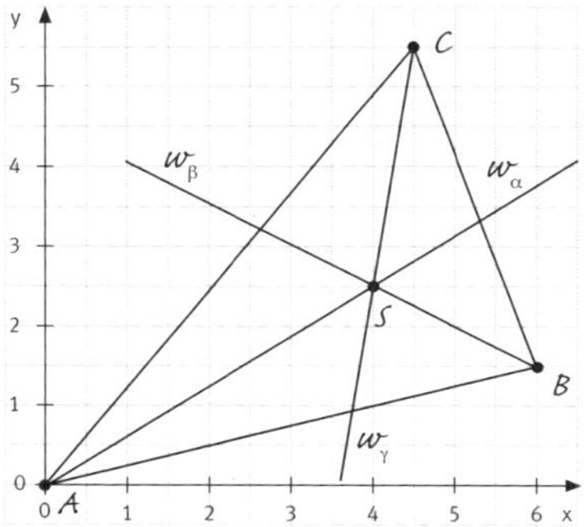

3 Michael, Matthias und Georg gehen zelten. Als sie ihre Zelte aufgebaut haben, wollen sie die Feuerstelle anlegen. Diese soll von allen drei Zelten exakt gleich weit weg sein. Es gibt drei Vorschläge F_1, F_2 und F_3 für die Position der Feuerstelle. Kannst du den Dreien durch Konstruktion helfen?

Die bestmögliche Position für die Feuerstelle ist F_3.

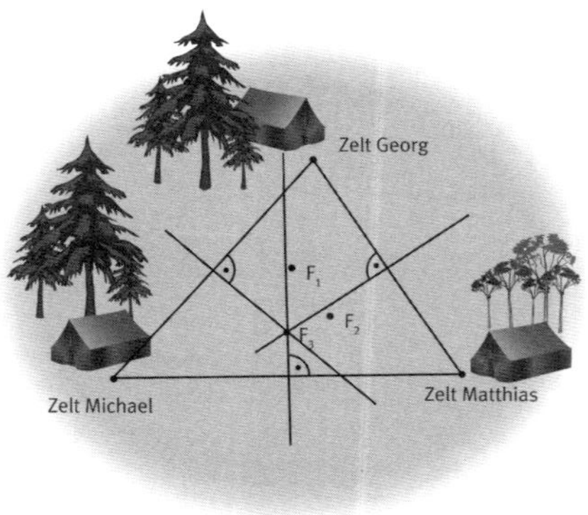

Dreiecke ordnen

1 Sind die Dreiecke spitzwinklig, stumpfwinklig oder rechtwinklig? Welche sind gleichschenklig, welche gleichseitig? Kreuze an.

	a)	b)	c)	d)	e)	f)
spitzwinklig			X		X	
rechtwinklig		X				
stumpfwinklig	X			X		X
gleichschenklig		X	X	X		
gleichseitig			X			

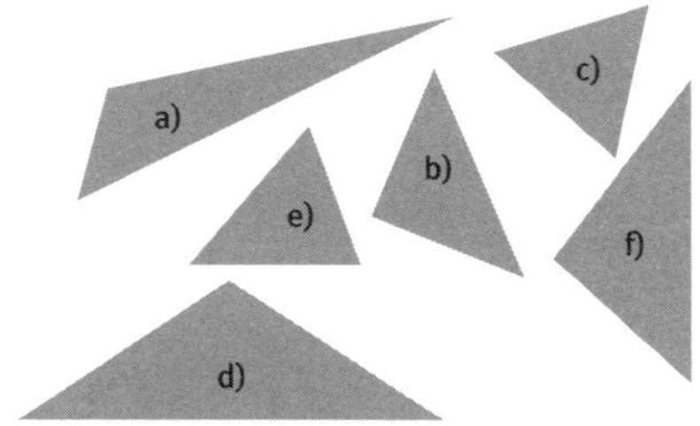

2 Zerlege das Viereck mit einem Schnitt so, dass du ...

a) ein rechtwinkliges und ein spitzwinkliges Dreieck erhältst. Miss alle Winkelmaße und Seitenlängen.

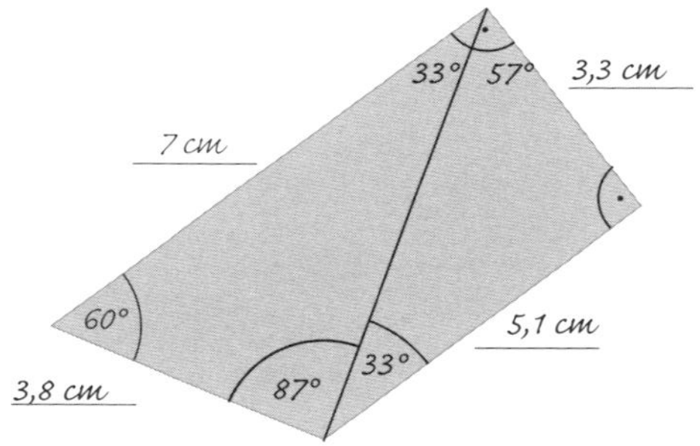

b) ein gleichseitiges und ein spitzwinkliges Dreieck erhältst. Miss alle Winkelmaße und Seitenlängen.

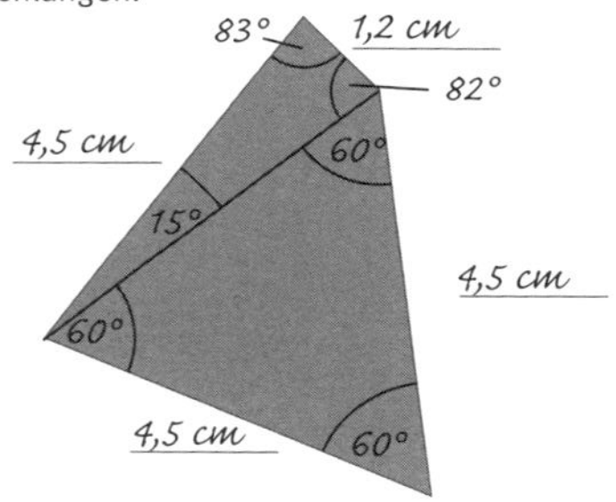

3 Zeichne ein ...

a) rechtwinklig-gleichschenkliges Dreieck ABC mit einer Schenkellänge von 4 cm.

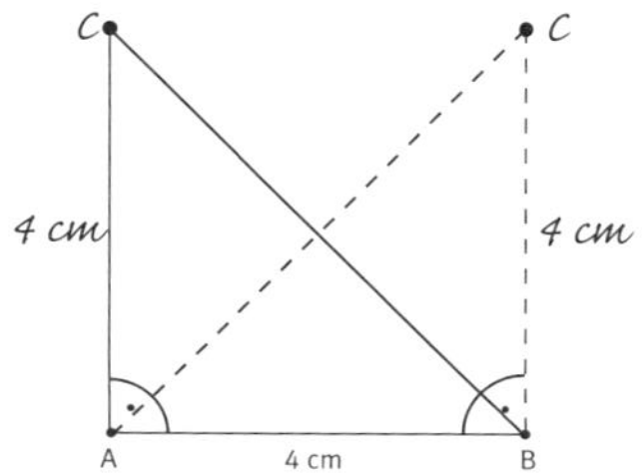

b) gleichschenkliges Dreieck ABC mit Basislänge $\overline{AB}$ = 5 cm und Schenkellänge 4 cm.

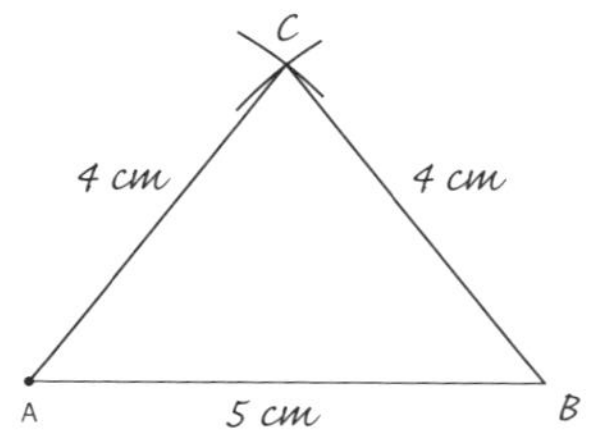

c) gleichseitiges Dreieck ABC mit der Seitenlänge 4,5 cm.

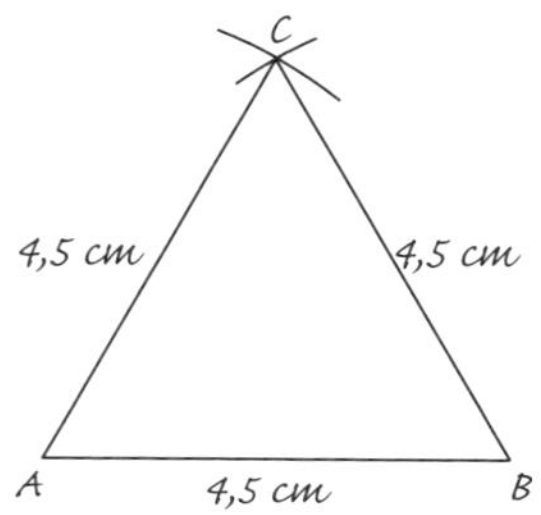

1 Benenne jedes Viereck mit allen möglichen Bezeichnungen und zeichne alle Symmetrieachsen ein.

a)
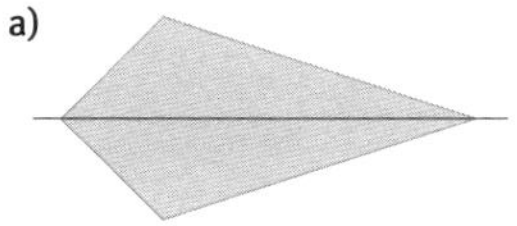
Drachenviereck

b)
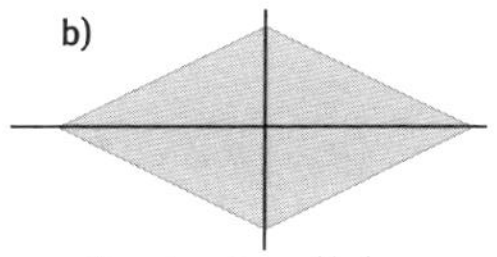
Raute, Parallelogramm, Drachen, Trapez

c)
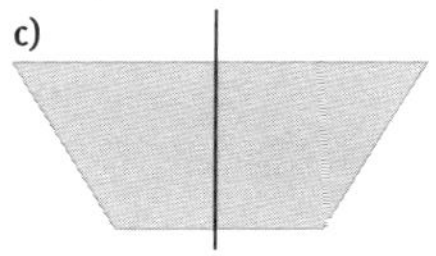
gleichschenkliges Trapez

d)

Parallelogramm, Trapez

e)
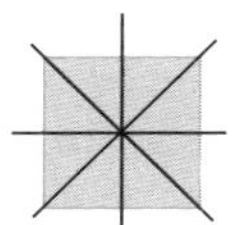
Raute, Drachen, Parallelogramm, Trapez, Rechteck, Quadrat

f)
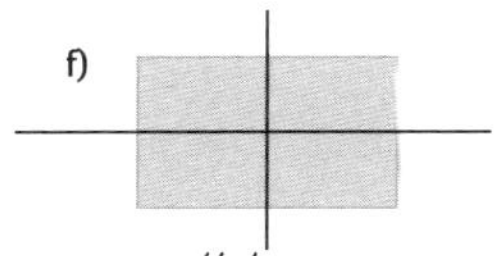
Parallelogramm, Trapez, Rechteck

2 Kreuze an, ob das Viereck die Eigenschaft erfüllt.

Gegenüberliegende Seiten sind jeweils gleich lang.	☒	○	☒	☒	○	☒	○
Zumindest zwei Seiten sind parallel.	☒	☒	☒	☒	○	☒	○
Es gibt Diagonalen, die Symmetrieachsen sind.	○	○	☒	○	☒	☒	☒
Die Diagonalen halbieren einander.	☒	○	☒	☒	○	☒	○

3 Trage die gegebenen Punkte ein und ergänze zum angegebenen Viereck. Gib die fehlenden Koordinaten an.

a) gleichschenkliges Trapez PFAU: P (10|1); F (16|1); A (14|4); U (*12* | *4*)

b) Quadrat ROST: R (9|7); O (*14* | *7*); S (*14* | *12*); T (9|12)

c) Drachenviereck BEIN: B (1|4); E (9|1); I (*6* | *9*); N (1|9)

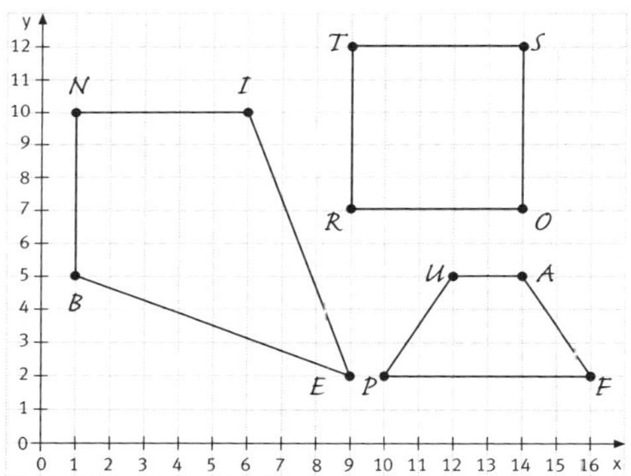

1 Handelt es sich um ein Zufallsexperiment? Kreuze jeweils an.

a) In einer Fernsehshow wird an einem Glücksrad gedreht. ☒ ja ○ nein
b) Mineralwasser und Apfelsaft werden zusammengegossen. ○ ja ☒ nein
c) Auf dem Jahrmarkt wird aus einem Eimer ein Los gezogen. ☒ ja ○ nein
d) Eine Brausetablette wird in ein Glas Wasser gelegt. ○ ja ☒ nein

2 Ein Farbwürfel mit den Farben Rot, Gelb, Grün, Blau, Weiß und Schwarz und ein Gummischweinchen, das entweder liegen (l) oder auf den Füßen stehen (s) bleibt, werden gleichzeitig geworfen.

a) Stelle alle möglichen Ergebnisse in Form eines Baumdiagramms dar.

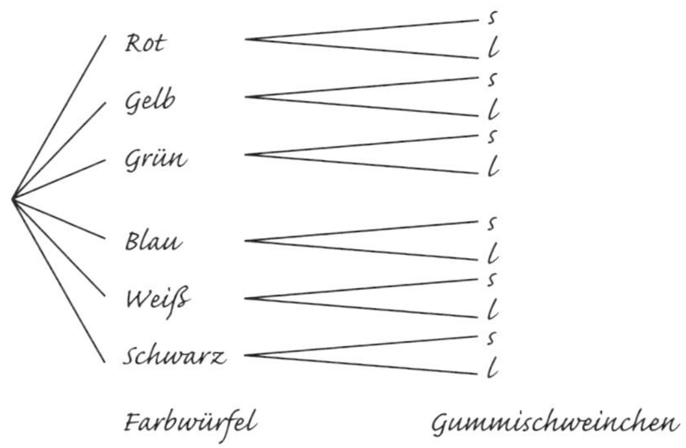

b) Wie viele Ergebnisse lassen sich insgesamt unterscheiden? *12*

3 Lola führt ein Zufallsexperiment durch und stellt die möglichen Ergebnisse in einem vereinfachten Baumdiagramm dar:

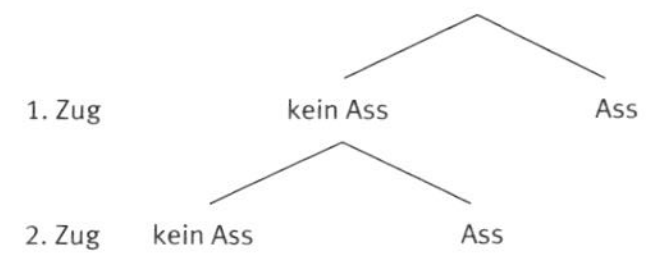

Beschreibe, welches Zufallsexperiment Lola durchgeführt haben könnte.

Lola könnte aus einem Stapel Spielkarten eine Karte gezogen haben. Handelt es sich bei der gezogenen Karte um ein Ass, so zieht Lola keine weitere Karte. Handelt es sich nicht um ein Ass, so zieht sie eine weitere Karte.

1 Arielle hat blaue und weiße Wäscheklammern in einem Beutel, von jeder Sorte sind es zehn Stück.

a) Gedankenverloren greift sie in den Beutel hinein und holt ohne hinzusehen zwei Wäscheklammern gleichzeitig heraus. Zeichne das zugehörige Baumdiagramm.

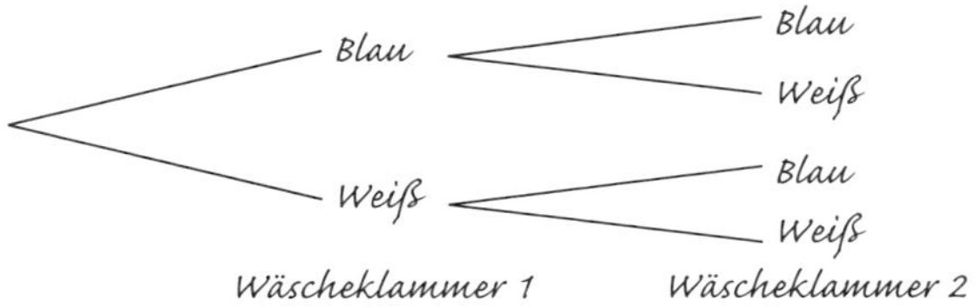

b) Wie viele Wäscheklammern müsste Arielle mindestens gleichzeitig herausholen, um mit Sicherheit zwei gleichfarbige zu haben? 3

2 In Chantals Geldbeutel befinden sich die abgebildeten Münzen. Welches Zufallsexperiment könnte sie mit ihnen durchgeführt haben, wenn das zugehörige Baumdiagramm wie abgebildet aussieht? Kreuze alle richtigen Antworten an.

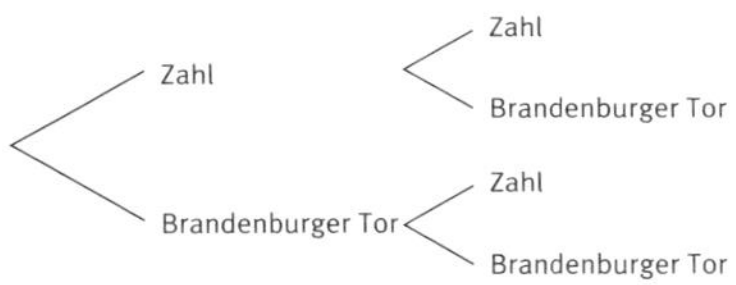

Chantal könnte ...

- [x] die 20-ct-Münze zweimal nacheinander geworfen haben.
- [x] die 10-ct-Münze zweimal nacheinander geworfen haben.
- [ ] die 1-ct-Münze zweimal nacheinander geworfen haben.
- [x] die 10-ct-Münze und die 20-ct-Münze gleichzeitig geworfen haben.

3 Dagmar und Doris haben einen Würfel mit den Buchstaben A, D, I, R, T und W. Sie fragen sich, wie groß wohl die Chance ist, dass sie beim einmaligen Werfen des Würfels den Anfangsbuchstaben ihres Vornamens erhalten. Beide stellen dazu die möglichen Würfelergebnisse in Form eines Baumdiagramms dar:

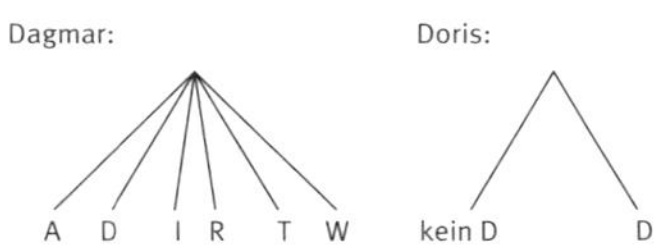

Was meinst du zu Zvonimirs Einschätzung? Begründe deine Meinung.

Zvonimirs Einschätzung ist falsch. Bei der vereinfachten Darstellung von Doris sieht es nur so aus, als ob das Ergebnis D jetzt eher auftritt.

1 Eine Tüte Knusper-Puffreis enthält Reiskügelchen in drei verschiedenen Farben:

Farbe	Gelb	Rot	Grün
absolute Häufigkeit	724	688	588

a) Wie viele Reiskügelchen sind insgesamt in der Tüte? *2000*

b) Vervollständige die Tabelle.

Farbe		Gelb	Rot	Grün
relative Häufigkeit	als Bruch	$\frac{724}{2000} = \frac{181}{500}$	$\frac{688}{2000} = \frac{43}{125}$	$\frac{588}{2000} = \frac{147}{500}$
	als Dezimalbruch	*0,362*	*0,344*	*0,294*
	in Prozent	*36,2 %*	*34,4 %*	*29,4 %*

c) Aus der Tüte wird ohne hinzusehen ein Reiskügelchen gezogen.

1 Welche Farbe wird es am ehesten haben? *Gelb*

2 Warum wird es diese Farbe am ehesten haben? Kreuze die richtige Begründung an.

- [ ] Die relative Häufigkeit ist bei dieser Farbe am kleinsten.
- [ ] Bei dieser Farbe ist die absolute Häufigkeit am kleinsten.
- [x] Die relative Häufigkeit ist bei dieser Farbe am größten.

2 Wirft man eine leicht gewölbte Spielkarte in die Luft, so landet sie in einer der beiden abgebildeten Positionen auf dem Boden.

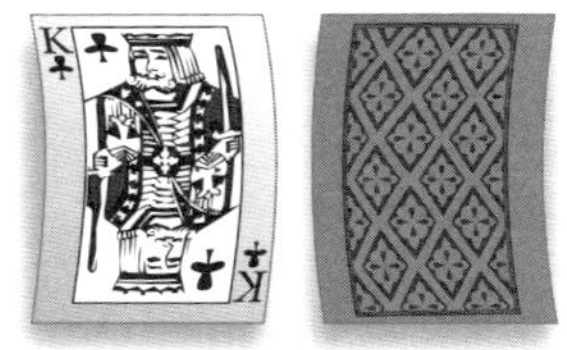

Position 1 Position 2

a) Lucky hat die Spielkarte 250-mal geworfen. Es ergibt sich: h (Position 2) = 0,404.
Wie groß ist die zugehörige absolute Häufigkeit?

H (Position 2) = 0,404 · 250 = 101

b) Luke hat die Spielkarte ebenfalls mehrfach geworfen. Sie ist 66-mal in Position 1 liegen geblieben. Die zugehörige relative Häufigkeit lautet: h (Position 1) = 55 %.
Wie oft hat Luke die Spielkarte geworfen?

n = 66 : 0,55 = 120

Luke hat die Spielkarte *120* -mal geworfen.

3 Yoko und Zoe haben jeweils drei Minuten lang mit einem gewöhnlichen Spielwürfel gewürfelt, Zoe mit einem roten und Yoko mit einem grünen. Die erhaltenen Augenzahlen haben beide in Form einer Strichliste notiert. Nun möchten sie vergleichen, bei welchem Würfel die Augenzahl 6 eher aufgetreten ist. Wie müssen sie vorgehen?

Sie müssen die relativen Häufigkeiten, mit denen die Augenzahl 6 aufgetreten ist, vergleichen. Dazu muss jede der beiden die Gesamtzahl der Würfe in den drei Minuten ermitteln und die absolute Häufigkeit der Augenzahl 6 durch die Gesamtzahl teilen.

1 Nach der Premierenveranstaltung des Circus Crown wurden die Kinder der Großfamilie Duck befragt, welcher der aufgetretenen Clowns ihnen am besten gefallen hat. Genannt wurden:
Crusty, Funny, Crusty, Pepe, Augustin, Pepe, Augustin, Pepe, Funny
Kreuze alle Aussagen an, die zutreffen.

☒ Der Modalwert der Daten ist Pepe.
☒ Für die Daten lässt sich kein arithmetisches Mittel angeben.
○ Der Zentralwert der Daten ist Augustin.
☒ Für die Daten lässt sich kein Median angeben.

2 Im Seedorfer Weiher wurden am vergangenen Wochenende mehrere Fische gefangen und anschließend gewogen. Die Messergebnisse waren:
550 g; 720 g; 1000 g; 480 g; 630 g; 800 g; 575 g; 770 g; 900 g; 595 g; 615 g; 770 g; 955 g

a) Ordne die Messergebnisse der Größe nach. Beginne mit dem kleinsten.

480 g; 550 g; 575 g; 595 g; 615 g; 630 g; 720 g; 770 g; 770 g; 800 g; 900 g; 955 g; 1000 g

b) Gib den Modalwert der Messergebnisse an. *770 g*

c) Wie lautet der Zentralwert? *720 g*

d) Berechne das arithmetische Mittel der Messergebnisse.

$480\,g + 550\,g + 575\,g + 595\,g + 615\,g + 630\,g + 720\,g + 770\,g + 770\,g + 800\,g + 900\,g$
$+ 955\,g + 1000\,g = 9360\,g$
$\overline{x} = 9360\,g : 13 = 720\,g$

e) Wie lautet das Minimum? *480 g* Wie lautet das Maximum? *1000 g*

f) Ermittle die Spannweite der Messergebnisse. $R = 1000\,g - 480\,g = 520\,g$

3 Beim Finale der Next-Topmodel-Show wurden zwölf Juroren um Abgabe ihrer Stimme gebeten. Die Tabelle zeigt das Ergebnis der Abstimmung.

Kandidatin	Claudia	Heidi	Lena
Anzahl der erhaltenen Stimmen	4	7	1

a) Gib den Modalwert an. *Heidi*

b) Stelle das Abstimmungsergebnis in einem Kreisdiagramm dar.

Claudia: 4 von 12 ≙ $\frac{1}{3}$ ≙ 120°

Heidi: 7 von 12 ≙ $\frac{7}{12}$ ≙ 210°

Lena: 1 von 12 ≙ $\frac{1}{12}$ ≙ 30°

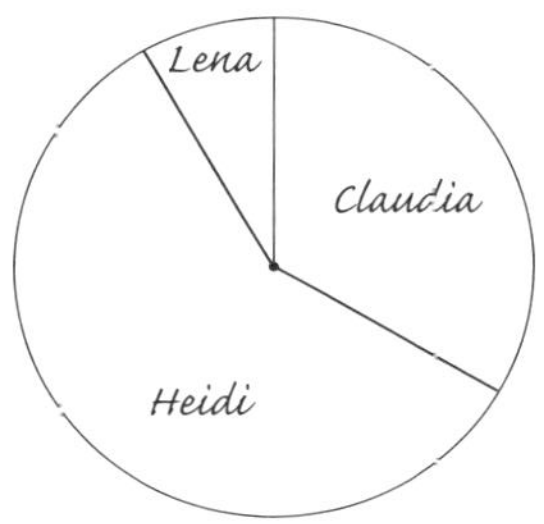

1 Wie könnte Tabea zu dieser Aussage kommen? Erläutere.

Tabea könnte die Anzahl der Geschenke, welche die einzelnen Familienmitglieder bekommen haben, zusammengezählt und den Summenwert anschließend durch die Anzahl der Familienmitglieder geteilt haben.

2 Von Montag bis einschließlich Samstag hat Familie Rütli die jeweilige Tageshöchsttemperatur auf ihrer Terrasse notiert: 5 °C; 5 °C; 1 °C; –1 °C; –5 °C; –5 °C.

a) Kreuze alle richtigen Aussagen an.

○ Das Minimum der Tageshöchsttemperaturen ist 1 °C, das Maximum ist 5 °C.
☒ Die Spannweite der Tageshöchsttemperaturen ist 10 °C.
☒ Der Zentralwert der Tageshöchsttemperaturen ist 0 °C.
☒ 5 °C und –5 °C sind der Modalwert der Tageshöchsttemperaturen.

b) Welche Tageshöchsttemperatur liegt am Sonntag vor, wenn die Tageshöchsttemperatur in der gesamten Woche im Mittel 0 °C beträgt? *0 °C*

3 Das Säulendiagramm zeigt die Verteilung der Noten bei einer Stegreifaufgabe in der Klasse 6a. Drei Schüler haben die Stegreifaufgabe nicht mitgeschrieben.

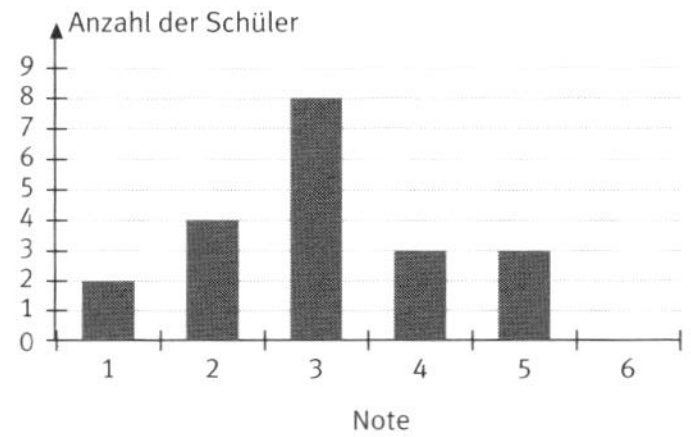

a) Wie viele Schüler sind in der Klasse 6a? *23*

b) Wie lautet …

1 der Modalwert? *Note 3*

2 der Zentralwert? *Note 3*

4 Bei einer Umfrage unter den Mitarbeitern eines Bekleidungsgeschäftes durfte jeder Befragte angeben, in welcher Abteilung er bevorzugt arbeitet. Der Modalwert war „Kinder“ und „Damen“. „Herren“ wurde dreimal genannt.
Begründe, dass mehr als zehn Personen befragt wurden.

Herren wurde dreimal genannt. Da „Kinder“ und „Damen“ der Modalwert war, wurden beide jeweils mindestens viermal genannt. Somit wurden insgesamt mindestens 3 + 4 + 4 = 11 Personen befragt.

1 Finde zu jeder Situation eine passende ganze Zahl (ohne Einheiten). Achte auf das Vorzeichen.

a) Meine Eltern haben für mich 40 € auf mein Sparbuch einbezahlt. *+40*

b) Die Firma hat in diesem Jahr 10 000 Autos weniger produziert. *−10 000*

c) Die Temperatur fiel in dieser Nacht auf 23 °C unter dem Gefrierpunkt. *−23*

d) Onkel Marco verkauft seine Wohnung im vierten Stockwerk. *+4*

2 Gib an, welche Zahlen markiert wurden.

a)

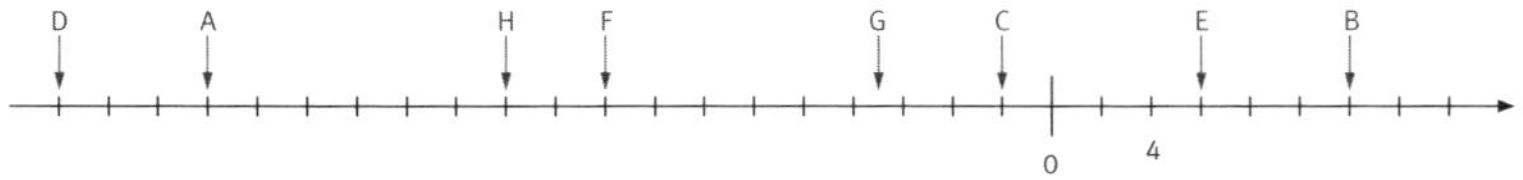

A: *−34* B: *12* C: *−2* D: *−40* E: *6* F: *−18* G: *−7* H: *−22*

b)

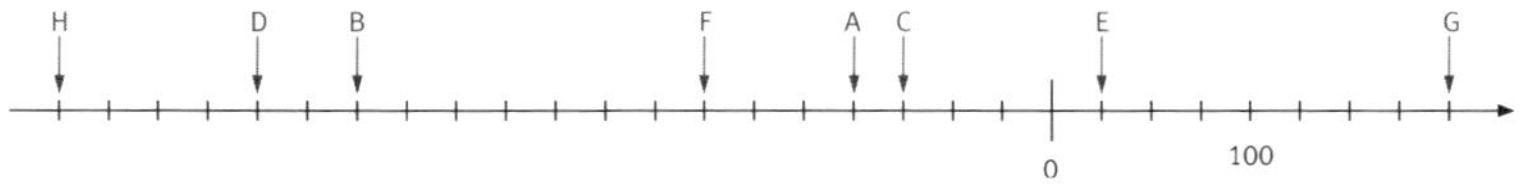

A: *−100* B: *−350* C: *−75* D: *−400* E: *25* F: *−175* G: *200* H: *−500*

3 Stelle die Zahlen jeweils an der Zahlengerade dar. Ordne sie anschließend der Größe nach.

a) −5; 3; −1; +7; −9; 4; −2; −8

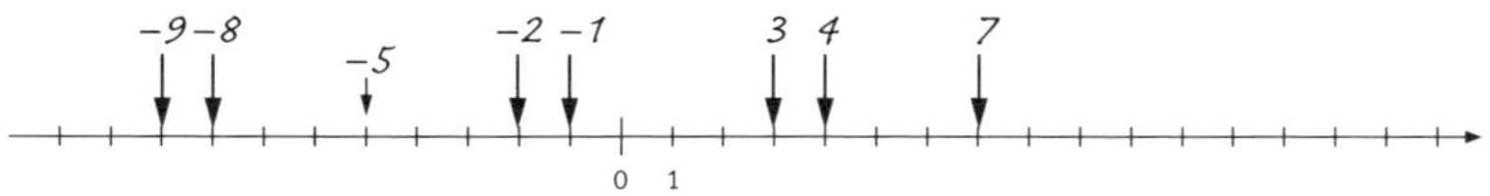

−9 < *−8* < *−5* < *−2* < *−1* < *3* < *4* < *7*

b) 0; −30; −6; 18; +21; −27; −36; −48

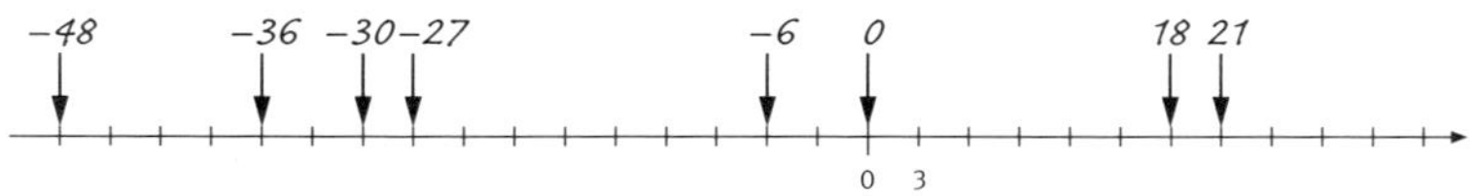

−48 < *−36* < *−30* < *−27* < *−6* < *0* < *18* < *21*

4 Setze die Zeichen <, > oder = für den Platzhalter ein. „*" steht für eine beliebige Ziffer.

a) 64 (>) −73
−77 (<) 42
9^2 (>) −81

b) −39 (=) −39
−429 (<) 294
10^0 (<) 10

c) −807 (<) 706
531 (>) −187
0 (>) −1

d) −12 1*0 (<) 10 13*
3*33 (>) −5*33
−99** (<) −*8**

1 Kreuze alle richtigen Aussagen an.

a) Die Zahlenpfeile zu +1 und −2 sind zusammen gleich lang wie der Zahlenpfeil zu +3. ☒

b) Zahl und Gegenzahl haben denselben Abstand zur Null. ☒

c) Zahlenpfeile zu Gegenzahlen zeigen immer nach links. ○

d) Nur der Zahlenpfeil zu +91 hat die Länge |−91|. ○

2 a) Welche Zahlen sind dargestellt? Vergleiche dazu die Längen der Pfeile.

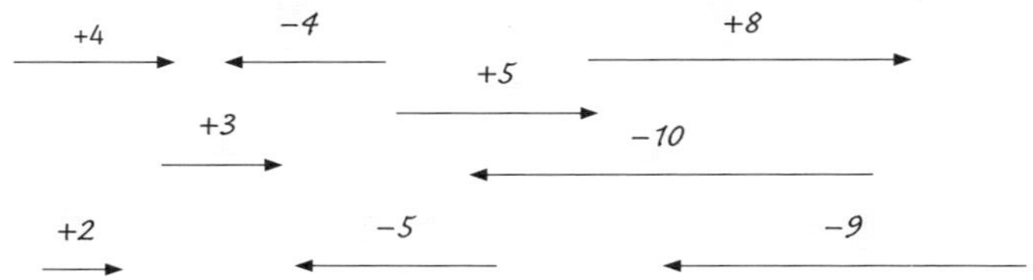

b) Zeichne die Pfeile zu den Zahlen −15, +45, −60, −90, +30, −135, +120 und +165. Wähle dazu eine geeignete Einheit.

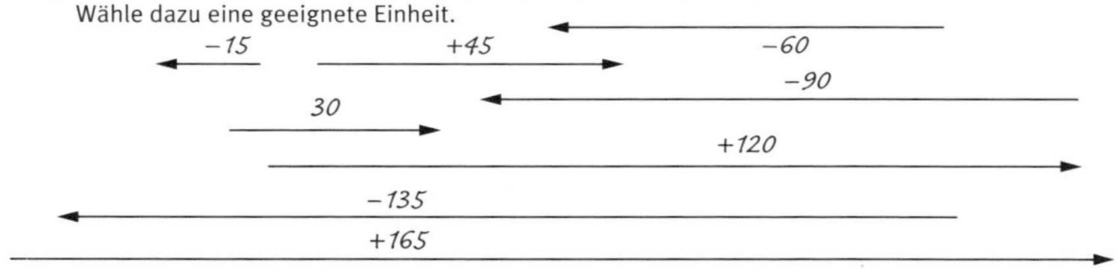

3 Fülle die Lücken, sodass Aussagen der Form 3 > |−2| bzw. |−4| = 4 entstehen.

a) |−9| = *9*
|−68| *<* |−86|

b) 701 *>* |+700|
| *−22 074* | = |22 074|

c) *|−11|; |+11|* = 11
−56 *<* 56

4 Gib jeweils die Gegenzahl und den Betrag der Zahl an.

a) 5011 *GZ: −5011; |5011| = 5011*

b) −2301 *GZ: 2301; |−2301| = 2301*

5 Formuliere zur folgenden Zahl bzw. Zahlenfolge jeweils ein Zahlenrätsel.

a) −32

Lösungsmöglichkeit: Die gesuchte Zahl ist von der Null 32 Einheiten entfernt und negativ.

b) −5; −10; −15; −20; −25; −30; −35; ... *Lösungsmöglichkeit:*
Das erste Glied der Zahlenfolge ist fünf Einheiten von der Null entfernt und negativ. Alle weiteren Folgeglieder sind jeweils immer um fünf Einheiten kleiner.